U0828509

全国技工教育规划教材

定量分析技术

主　审：叶建平
主　编：李文静　王　坤
副主编：龚　峰　孙建华
参　编：陈德晋　万　堡　江孟莲

DINGLIANG FENXI JISHU

西南师范大学出版社
国家一级出版社　全国百佳图书出版单位

图书在版编目(CIP)数据

定量分析技术 / 李文静, 王坤主编. — 重庆 : 西南师范大学出版社, 2017.8
ISBN 978-7-5621-8977-0

Ⅰ. ①定… Ⅱ. ①李… ②王… Ⅲ. ①定量分析-中等专业学校-教材 Ⅳ. ①O655

中国版本图书馆 CIP 数据核字(2017)第 216608 号

定量分析技术

主审 叶建平

主编 李文静 王 坤

责任编辑：周明琼 熊家艳
装帧设计：汤 立
制作排版：重庆新综艺图文广告有限责任公司
出版发行：西南师范大学出版社
邮编：400715
市场营销部电话：023-68868624
地址：重庆市北碚区天生路 2 号
印 刷：重庆新荟雅科技有限公司
幅面尺寸：185 mm×260 mm
印 张：15.5
字 数：308 千字
版 次：2018 年 11 月 第 1 版
印 次：2022 年 6 月 第 2 次印刷
书 号：ISBN 978-7-5621-8977-0

定 价：45.00 元

前言

PREFACE

定量分析技术是职业学校工业分析与检验专业的一门专业基础课程。本课程从职业需求出发,以工业分析与检验专业教学标准、工作任务和职业能力分析中有关定量分析技术的职业能力为设置依据;通过工作任务整合相关知识、技能、态度,将本课程设计为理论和实践一体化课程;以企业真实工作任务为导向设计教学过程,基础理论以实用为主,必需、够用为度,注重技能训练,加强实习和实训,培养严谨求实的科学态度,最终使学生能胜任化学分析检验工作。

课程内容的选取充分考虑中等职业学校学生对相关理论知识的需求和认知水平,并融入化学分析工(四级)职业资格鉴定的相关要求。教学活动设计以工作任务为载体,强调理论与实践相结合,按活动项目组织教学,在完成任务的过程中培养学生的职业能力,养成良好的职业规范,满足学生就业和职业发展的需要。本课程建议总课时数为 170 学时。

在编排顺序上,从项目导入总体介绍每个项目的内容及检测意义,每个项目再以任务目标、任务分析、相关知识、任务实施、注意事项、项目评价、拓展提高、课后自测等多种形式促使学生学习,在学习过程中发现问题、提出问题,加强师生、学生之间的讨论、交流和展示,从而改变学生单一被动接受知识的学习方式。

本教材改变传统的评价模式,每个项目采用过程评价,做到操作过程、实验结果、知识掌握程度的全方位评价,促进每个学生的发展。

本教材使用了大量的插图,形式多样、内容丰富、形象生动的图片与教学内容情景交融、相得益彰,有助于学生更好地领悟相应的技能、知识。

本书由重庆市工业学校李文静、王坤任主编,龚锋、孙建华任副主编,陈德晋、江孟莲参编;重庆市万州区上海中学万堡参编;重庆市机械工业理化计量中心叶建平担任本书的主审。参加编写的人员:李文静(项目一至项目八)、王坤(项目九至项目十二)、龚锋(项目十三)、孙建华(项目十四)。资料和图片由陈德晋、江孟莲、万堡提供。全书由李文静统稿。

本书在编写过程中,许多家企业的技术人员也给予了关心和支持,在此谨向所有朋友致以衷心的感谢。

由于编者水平有限,编写时间仓促,书中疏漏和欠妥之处在所难免,恳请读者批评指正。

目录

CONTENTS

项目一 认识分析实验室

项目导入

“分析化学”是化学学科的一个重要分支，它不仅对化学各学科的发展起着重要作用，而且在医药卫生、工业、农业、国防、资源开发等许多领域都有广泛的应用(都需要分析化学的理论、知识和技术)。

分析检验工作是现代工业生产及环境保护工作的重要环节。无论是工厂还是环保监测部门，或是有关单位的化验室，它们的分析任务虽然不同，但都有共同的特点，所采用的分析测定手段是一致的。

日常生活中，在食品安全、药品检测、化妆品研究和环境监测等方面，如检测婴儿奶粉中的三聚氰胺、食品中的苏丹红、空气雾霾中的PM2.5、自来水中的氯、化妆品中的铅含量等，人们都可以在实验室通过一定的实验方法获得相应被测物质的含量。各种各样的化验室(实验室)为人们的生活提供了极大的帮助，从今天开始我们就走进实验室，开始学习化学分析的基本知识和技能。

通过本课程的学习，同学们应具备从事化学分析方面的基本知识和技能，并为后续课程的学习打下基础。

任务一 认识分析实验室

任务目标

1.认识化学分析实验室。

2.能区别化学分析实验室和仪器分析实验室。

任务分析

1.明确任务流程

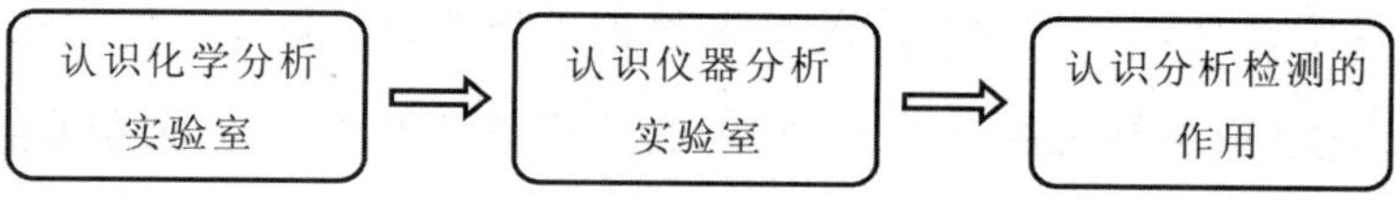

2.任务难点分析

区别化学分析实验室和仪器分析实验室。

3.任务前准备

收集有关分析实验室相关资料。

相关知识

定量分析方法的分类

按测定原理及操作方法的不同,定量分析的方法可分为化学分析法和仪器分析法两大类。

(1)化学分析法是以物质的化学计量反应为基础的分析方法。

(2)仪器分析法是以物质的物理性质或物理化学性质为基础的分析方法。由于这类方法需要比较复杂和精密的仪器,所以被称为仪器分析法。

任务实施

活动 1 初步认识分析实验室

日常生活中,涉及吃、穿、住、行等方面的物质的含量,人们都可以在实验室通过一定的实验方法获得。各种各样的化验室(实验室)为人们的生活提供了极大的帮助,从今天开始我们就走进分析实验室,开始学习化学分析的基本知识和技能。

图 1-1-1 化学分析实验室

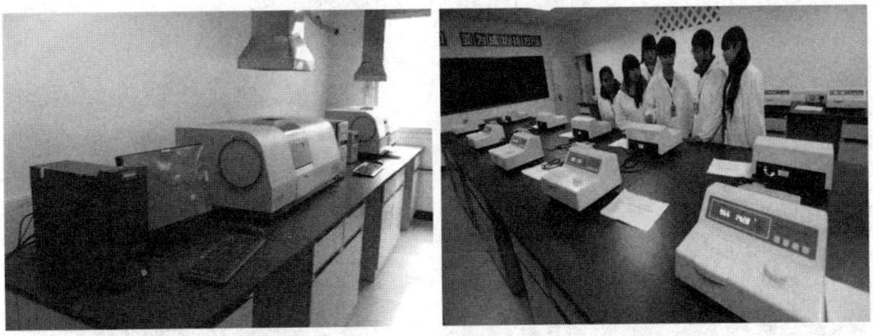

图 1-1-2 仪器分析实验室

活动 2 认识分析检测的作用和意义

分析化学是一门重要的学科，在化学学科本身的发展以及与化学有关的各学科领域中都起着重要的作用。在国民经济建设、国防建设和科学研究的发展中,分析化学具有更重要的实际意义。

在工业方面,资源的勘探、原料的选择、工艺流程的控制、成品的检验以及新技术的探索、新产品的开发均离不开“分析”。

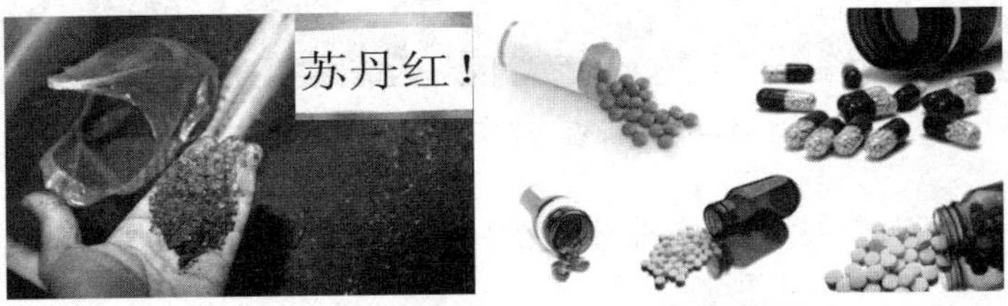

图 1-1-3 分析检测在工业方面的应用

在农业方面，土壤的普查、农产品质量检验、新品种的培育等也必须以分析结果作为主要依据。

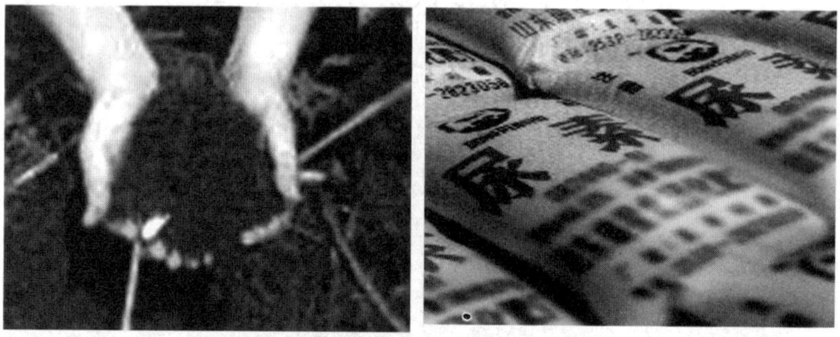

图 1-1-4　分析检测在农业方面的应用

在尖端科学和国防建设方面，像人造卫星的研制和生产，原子能材料、超导材料、超纯物质中微量杂质的分析等都需应用分析化学。科学研究中涉及化学反应的，几乎都需要分析测试；许多化学定律及理论都是用分析化学的方法加以验证的。

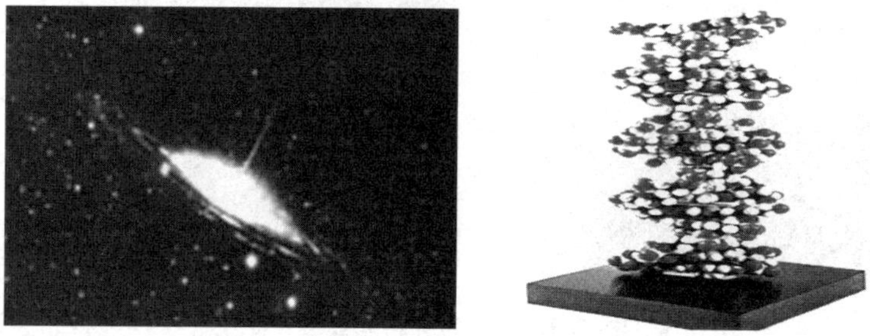

图 1-1-5　分析检测在尖端科学和国防建设方面的应用

在环境监测方面，对大气和水质的监测、对“三废”的处理和综合利用、研究生态平衡、提高环境质量等，分析化学也发挥着重要作用。

图 1-1-6　分析检测在环境监测方面的应用

因此，人们将分析化学比作工农业生产的“眼睛”、科学研究的“参谋”，以说明分析化学的重要作用。

任务二　定量分析的任务、分类和步骤

任务目标

1.熟悉定量分析的任务。

2.能归纳出定量分析方法的分类。

3.熟悉化学分析法的分类。

4.熟悉化学分析法的步骤。

任务分析

1.明确任务流程

熟悉定量分析的任务 ⇒ 归纳定量分析的方法 ⇒ 熟悉化学分析法的分类 ⇒ 熟悉化学分析法的步骤

2.任务难点分析

能归纳出定量分析方法的分类。

3.任务前准备

预习课本，网上搜集资料。

相关知识

定量分析法

一、定量分析的任务

从分析化学的任务看，分析化学可以分为定性分析、定量分析和结构分析。

定性分析的任务是确定物质由哪些组分(元素、离子、基团或化合物)组成。

定量分析的任务是测定物质中有关组分的相对含量。

结构分析的任务是研究物质的分子结构或晶体结构。

二、定量分析的方法

分析化学的内容十分丰富,按分析任务分为定性分析、定量分析和结构分析,而定量分析的方法,可以按照样品用量、待测组分含量、测定原理和操作方法及测定对象的不同,分为许多种类。具体见表 1-2-1。

表 1-2-1 定量分析的方法分类

分类依据	分类	特征
分析对象	无机分析 有机分析	无机化合物的分析 有机化合物的分析
试样用量	常量分析 半微量分析 微量分析 超微量分析	$m>0.1$ g, $V>10$ mL 0.01 g$<m<$0.1 g, 1 mL $<V<$10 mL 0.0001 g$<m<$0.01 g, 0.01 mL$<V<$1 mL $m<0.0001$ g, $V<0.01$ mL
组分在试样中的质量分数(含量)	常量组分分析 半微量组分分析 痕量组分分析	$\omega_B>1\%$ $0.01\%<\omega_B<1\%$ $\omega_B<0.01\%$
测定原理和操作方法	化学分析(重量分析、滴定分析) 仪器分析	根据反应的计量关系确定待测组分的含量 以待测组分的物理或物理化学性质为基础测定物质含量

注:表中 m 为试样质量,V 为试液体积,ω_B 为组分含量。

按照测定原理及操作方法的不同,定量分析法可分为化学分析法和仪器分析法。

1.化学分析法

化学分析法是以物质的化学反应为基础的分析法,又分为滴定分析法和重量分析法两类。

(1)滴定分析法。滴定分析法通常是将一种已知准确浓度的试剂溶液(俗称标准滴定溶液或滴定剂)滴加到待测物质溶液中,直到所加试剂恰好与待测组分完全反应,然后根据滴定剂的用量和浓度计算出待测组分的含量。滴定的操作如图 1-2-1 所示。

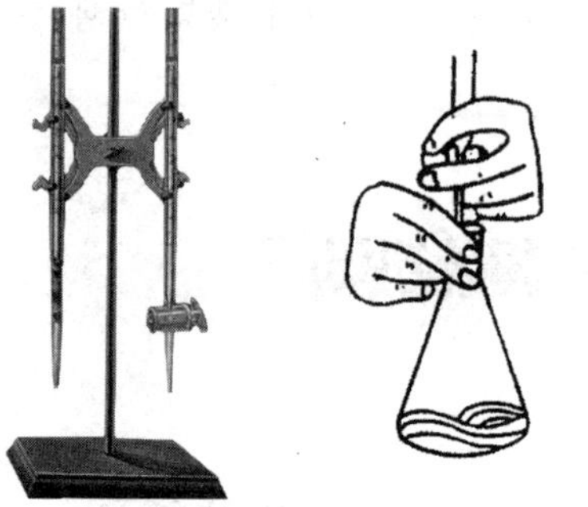

图 1-2-1 滴定分析法操作

根据反应类型的不同，滴定分析法可分为以酸碱反应为基础的酸碱滴定法，以配位反应为基础的配位滴定法，以氧化还原反应为基础的氧化还原滴定法，以沉淀反应为基础的沉淀滴定法。

滴定分析法比较准确，具有简便、快速、应用范围广等优点，一般适用于常量组分(含量在1%以上的组分)的测定。

(2)重量分析法。重量分析法是根据化学反应生成物的质量，求出待测组分含量的一种分析方法，也称称量分析法。如测定试样硫酸盐的含量时，在试液中加入稍过量的 $BaCl_2$ 溶液，使 SO_4^{2-} 生成难溶的 $BaSO_4$ 沉淀，经过滤、洗涤、灼烧后，称量 $BaSO_4$ 质量，便可求出试样中硫酸盐的含量，重量分析法操作见图 1-2-2。

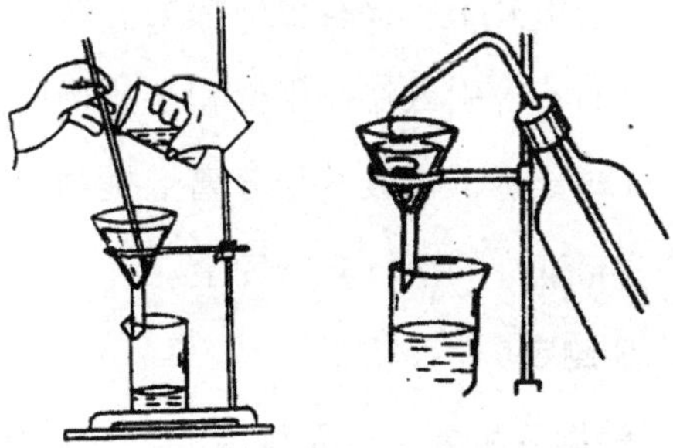
图 1-2-2 重量分析法操作

重量分析法准确度高，但操作烦琐，目前应用较少。

2.仪器分析法

仪器分析法是以物质的物理或物理化学性质为基础的分析方法。常用的分析仪器有酸度计、分光光度计、气相色谱仪等。

仪器分析法灵敏度高，分析速度快，适用于低含量组分的测定。

任务实施

活动 1 定量分析的步骤

定量分析的任务是确定样品中有关组分的含量。完成一项分析任务，一般要经过以下步骤。

1.取样

样品或试样是指在分析工作中被用来进行分析的物质体系，它可以是固体、液体或气体。分析化学对试样的基本要求是在组成和含量上具有一定的代表性，能代表被分析的总体。合理的取样是分析结果准确可靠的基础。取有代表性的样品必须采用特定的方法或顺序。一般来说要多点取样(指不同部位、深度)，然后将从各点取得的样品混合均匀，再从混合均匀的样品中取少量物质(常用四分法)作为试样进行分析。

2.试样的分解

定量分析一般采用湿法分析,即将试样分解后转入溶液中,然后进行测定。分解试样的方法很多,主要有酸溶法、碱溶法和熔融法。操作时可根据试样的性质和分析的要求选用适当的分解方法。在分解试样时,应注意以下几点。

(1)组分不应该有任何损失。

(2)不应引入待测组分和干扰物质。

(3)分解试样最好与分离干扰物质相结合。

(4)试样的溶解必须完全。

3.测定

根据分析要求以及样品的性质选择合适的方法进行测定。

4.计算并报告分析结果

根据测定的有关数据计算出组分的含量,并写出分析实验报告。

拓展提高

分析化学的发展概况

分析化学有着悠久的历史,它是研究化学的开路先锋,对元素的发现、原子量的测定、许多化学基本定律的确立以及矿产资源的勘测利用等都做出过重要贡献。20 世纪分析化学的发展经历了三次巨大的变革。第一次是在 20 世纪初,物理化学基本概念的发展(如溶液理论)为分析方法提供了理论基础,使分析化学从一种技术变成一门科学。第二次是第二次世界大战之后,由于物理学和电子学的发展,仪器分析(光谱、质谱、核磁共振等)改变了以经典化学分析为主的局面,使分析化学有了一个飞跃。目前分析化学正处于第三次变革,生命科学、信息科学和计算机技术的发展,使分析化学进入了一个崭新的阶段,它不只限于测定物质的组成和含量,还要对物质的状态(氧化-还原态、各种结合态、结晶态),结构(一维、二维、三维空间分布),微区、薄层和表面的组成与结构以及化学行为和生物活性等做出瞬时追踪、无损失和在线监测等分析及过程控制,甚至要求直接观察到原子和分子的形态与排列。在科学技术飞跃发展的 21 世纪,分析化学将会更广泛地吸取当代科技的最新成就,进一步丰富自身的内容，在国民经济的各个领域发挥越来越大的作用。

分析化学发展的趋势是发展灵敏、专一、快速、准确的新方法和新技术。计算机在分析化学中的应用、化学统计学、分析仪器的智能化等，标志着分析化学已发展成为一门化学信息科学。

项目评价

表 1–1 项目评价表

序号	考核内容	评分标准	分值	小组评价	教师评价
1	认识化学分析实验室、仪器分析实验室(35 分)	认识化学分析实验室	5 分		
		化学分析法概念	10 分		
		认识仪器分析实验室	5 分		
		仪器分析法概念	10 分		
		区分化学分析实验室和仪器分析实验室	5 分		
2	分析检测的作用和意义(20 分)	分析检测的作用	10 分		
		分析检测的意义	10 分		
3	定量分析的任务、方法和步骤(30 分)	定量分析的任务	10 分		
		定量分析的分类	10 分		
		定量分析的步骤	10 分		
4	学习态度(15 分)	热爱专业	5 分		
		具备责任心	5 分		
		注意方法	5 分		
考核结果					

课后自测

1.学习本课程有何意义？

2.定量分析的任务是什么？

3.进行定量分析有哪些方法？

4.简述进行定量分析有哪些步骤。

项目二 分析前的实验室准备

项目导入

化学分析实验要求分析检测人员必须对分析实验室常用仪器、化学试剂、实验室用水、洗涤剂、天平以及实验室安全与环保等方面的基础知识有较全面的掌握，以便今后进行测定方法的选择、综合实验、考试时具备必要的分析化学实验室知识，以及加强信息加工综合能力的培养。

通过技能训练，分析检测人员应能正确认领、清点和洗涤常用滴定分析玻璃仪器，对它们的规格、性质、用途，应有足够的了解。在实验中合理地选择相应的仪器并做到规范地使用这些仪器；学会选择和配制洗涤液；能够正确识别和保存试剂，正确标识溶液；准确、熟练地使用天平进行称量；增强环境意识，树立经济观念，建立全新的分析质量观念。

任务一 分析实验室常用仪器

任务目标

1.认领、清点分析实验室常用器皿。

2.掌握分析实验室常用器皿的洗涤和干燥操作。

任务分析

1.明确任务流程

认领、清点常用器皿，认识化学分析实验室 ⇒ 分析实验室常用器皿的洗涤 ⇒ 分析实验室常用器皿的干燥

2.任务难点分析

知道分析实验室常用器皿名称、具体用途；掌握分析实验室常用器皿洗涤和干燥的具体操作技能。

3.任务前准备

分析实验室常用器皿：滴定管、容量瓶、移液管、锥形瓶、碘量瓶等。

相关知识

实验室用水选择

化学分析实验室用水是分析质量控制的一个因素，影响到空白值及分析方法的检出限，尤其是微量分析对水质有更高的要求。分析者对用水级别、规格应当了解，以便正确选用，会对有特殊要求的水质进行特殊处理。

通常在分析实验室洗涤仪器总是先用自来水洗，再用去离子水或蒸馏水洗。进行无机微量分析要用二次去离子水，而有机微量分析又强调用重蒸馏水，所以分析者应该了解有关实验室用水的知识。

一、原水、纯水、高纯水

按照水中杂质的多少将水分为原水、纯水、高纯水 3 类。

1.原水

原水取自天然水体或蓄水水体，有地面水、地下水和自来水，是制备纯水的水源。

2.纯水

纯水是将原水经预处理除去悬浮物、不溶性杂质后，用蒸馏法或离子交换法进一步纯化，除去可溶性盐类、不溶性盐类、有机物、胶体而达一定纯度标准的水。

3.高纯水

高纯水是指以纯水为水源，再经离子交换、膜分离、反渗透(RO)、超滤(UF)、微孔过滤(MF)、电渗析(ED)除盐及非电解质，使纯水电解质几乎完全除去，并将不溶解胶体物质、有机物、细菌、SiO_2 等去除到非常低的程度。

二、纯水与高纯水的水质标准

我国国家标准 GB/T 6682—2008《分析实验室用水规格和试验方法》中规定实验室用水分为三级，见表 2-1-1。

一级水基本上不含溶解或胶态离子杂质及有机物，用于有严格要求的分析试验。

二级水可含微量的无机、有机或胶态杂质，用于无机痕量分析等试验。

三级水是最普遍使用的纯水，适用于一般化学分析试验。

表 2-1-1 分析实验室用水的级别及主要指标

名称	一级	二级	三级
pH 范围(25 ℃)	—	—	5.0~7.5
电导率(25 ℃)($mS\cdot m^{-1}$)	≤0.01	≤0.10	≤0.50
可氧化物质(以 O 计)($mg\cdot L^{-1}$)	—	≤0.08	≤0.4
吸光度(254 nm,1 cm 光程)	≤0.001	≤0.01	—
蒸发残渣(105±2 ℃)含量($mg\cdot L^{-1}$)	—	≤1.0	≤2.0
可溶性硅(以 SiO_2 计)含量($mg\cdot L^{-1}$)	≤0.01	≤0.02	—

任务实施

活动 1 认领、清点分析实验室常用器皿

分析实验室常用器皿具体见表 2-1-2。

表 2-1-2 分析实验室常用器皿

仪器名称	规格及表示方法	一般用途	使用注意事项
 烧杯	有一般型和高型、有刻度和无刻度等几种 规格以容积(mL)表示，还有容积为 1 mL,5 mL,10 mL 的微烧杯	①反应物量较多的反应容器 ②配制溶液和溶解固体等 ③可用于简易水浴	①加热时先将外壁水擦干，放在石棉网上 ②反应液体不超过容积的 2/3，加热时不超过 1/3

续表

仪器名称	规格及表示方法	一般用途	使用注意事项
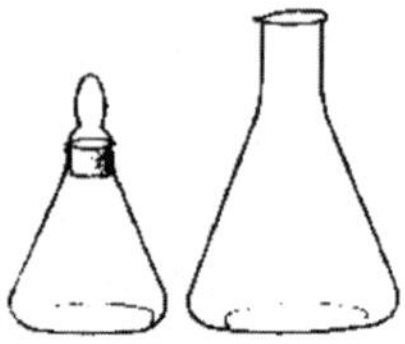 锥形瓶	有具塞、无塞等种类 规格以容积(mL)表示	做反应容器，可避免液体大量蒸发 用于滴定反应，方便振荡	①滴定时所盛溶液不超过容积的 1/3 ②其他同烧杯
 碘量瓶	具有配套的磨口塞 规格以容积(mL)表示	与锥形瓶相同，可用于需要防止液体挥发和固体升华的实验	同锥形瓶
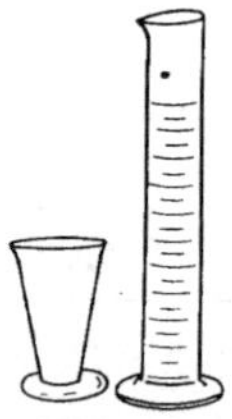 量杯和量筒	上口大、下部小的叫量杯，有具塞、无塞等种类 规格以所能量度的最大容积(mL)表示	量取一定体积的液体	①不能加热 ②不能做反应容器，也不能用作混合或稀释液体的容器 ③不能量取热的液体 ④量度亲水溶液的浸润液体，视线与液面水平，读取与弯月面最低点相切的刻度
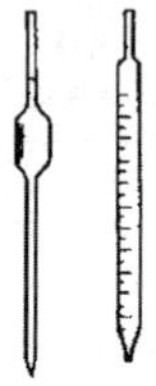 移液管	移液管分为吸量管(有刻度)和单标线移液管。吸量管可分成完全流出式吸量管、不完全流出式吸量管和吹出式吸量管；此外还有自动移液管 规格以所能量取的最大容积(mL)表示	准确量取一定体积的液体或溶液	①用后立即洗净 ②具有准确刻度线的量器不能放在烘箱中烘干，更不能用火加热烘干 ③读数方法同量筒
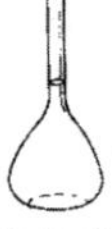 容量瓶	塞子是磨口塞，现在也有用塑料塞的；有量入式和量出式之分 规格以刻度线所示的容积(mL)表示	用于配制准确浓度的溶液	①塞子配套，不能互换 ②其他同吸量管
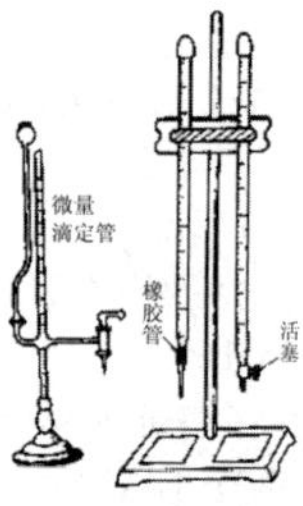 滴定管	具有玻璃活塞的为酸式管，具有橡皮滴头的为碱式管；用聚四氟乙烯制成的则无酸碱式之分；还有微量滴定管 规格以刻度线所示最大容积(mL)表示	用于准确测量液体或溶液的体积 容量分析中的滴定仪器	①酸式滴定管的活塞不能互换，酸式滴定管不能装碱溶液 ②其他同吸量管

续表

仪器名称	规格及表示方法	一般用途	使用注意事项
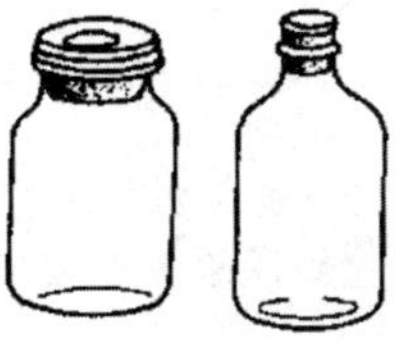 试剂瓶	有广口、细口，磨口、非磨口，无色、棕色等种类 规格以容积(mL)表示	广口瓶盛放固体试剂 细口瓶盛放液体试剂或溶液 棕色瓶用于盛放见光易分解或不太稳定的试剂	①不能加热 ②盛碱溶液的试剂瓶要用胶塞或软木塞 ③使用中不要弄乱、弄脏塞子 ④试剂瓶上必须保持标签完好，倒液体试剂时标签要对着手心
 滴瓶  滴瓶滴管	有无色、棕色两种，滴管上配有橡皮的胶帽 规格以容积(mL)表示	盛放液体或溶液	①滴管不能吸得太满，也不能倒置，保证液体不进入胶帽 ②滴管专用，不得弄乱、弄脏 ③滴管要保持垂直，不能使管端接触到容器内壁，更不能插入其他试剂瓶中
 称量瓶	分扁型、高型两种 规格以直径(mm)×瓶高(mm)表示	用于称量、测定物质的水分	①不能加热 ②盖子是磨口配套的，不能互换 ③不用时洗净，在磨口处垫上纸条
 表面皿	规格以直径(cm)表示	用来盖在蒸发皿上或烧杯上，防止液体溅出或落入灰尘，也可用作称取固体药品的容器	①不能用火直接加热 ②做盖时直径要比容器口直径大些 ③用作称量试剂时要事先洗净、干燥
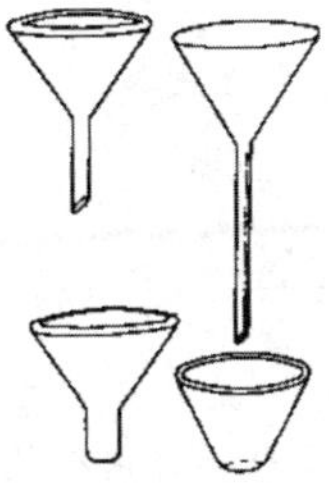 漏斗	有短颈、长颈、粗颈、无颈等种类 规格以斗径(mm)表示	用于过滤；倾注液体导入小口容器中；粗颈漏斗可用来转移固体试剂，长颈漏斗常用于装配气体发生器，做加液用	①不能加热，过滤的液体也不能太热 ②过滤时漏斗颈尖端要紧贴承接容器的内壁 ③长颈漏斗在气体发生器中做加液用时，颈尖端应插入液面之下
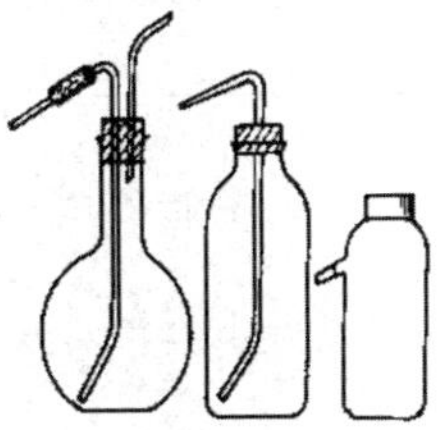 洗瓶	有玻璃和塑料的两种，大小以容积(mL)表示	洗涤沉淀和容器	①不能装自来水 ②塑料的不能加热 ③一般都是自制

续表

仪器名称	规格及表示方法	一般用途	使用注意事项
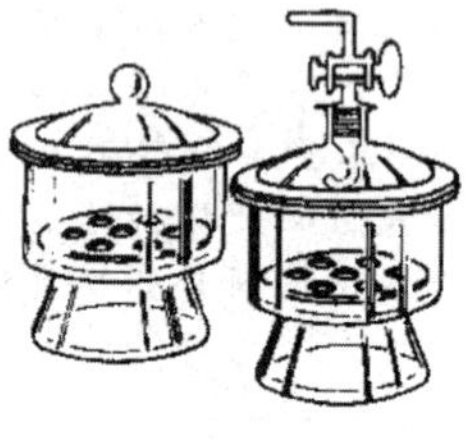 干燥器、真空干燥器	分普通干燥器和真空干燥器两种 规格以内径(cm)表示	存放试剂，防止吸潮。在定量分析中将灼烧过的坩埚放在其中冷却	①放入干燥器的物品温度不能过高 ②下室的干燥剂要及时更换 ③使用中要注意防止盖子滑动打碎 ④真空干燥器接真空系统抽去空气，干燥效果更好
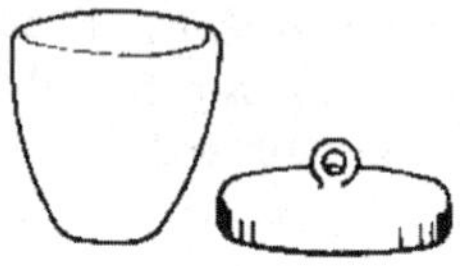 有盖坩埚	有瓷、石墨、铁、镍、铂等材质制品 规格以容积(mL)表示	熔融和灼烧固体	①根据灼烧物质的性质选用不同材质的坩埚 ②耐高温，直接用火焰加热，但不宜骤冷 ③铂制品的使用要遵守专门的说明
 研钵	有玻璃、瓷、铁、玛瑙等材质制品 规格以口径(mm)表示	混合、研磨固体物质	①不能做反应容器，放入物体积不超过容积的 1/3 ②根据物质性质选用不同材质的研钵 ③易爆的物质只能轻轻压碎，不能研磨
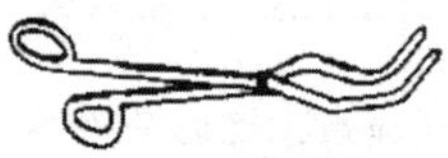 坩埚钳	铁或铜合金制成，表面镀铬	夹取高温下的坩埚或坩埚盖	必须先预热再夹取
 药匙	由骨、塑料、不锈钢等材料制成	取固体试剂	①根据实际选用大小合适的药匙，取量很少时用小端 ②用完洗净擦干，才能取另外一种药品
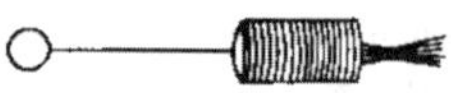 毛刷	规格以大小和用途表示，如试管刷、滴定管刷、烧杯刷等	洗刷仪器	①毛不耐碱，不能浸在碱溶液中 ②洗刷仪器时小心顶端戳破仪器

活动 2 分析实验室常用器皿的洗涤和干燥

在进行实验及分析测定过程中,必须使用洁净的仪器,否则仪器中的杂质会影响实验的进行及测定的准确性。

实验室中用于洗涤各种类型仪器的洗涤液(剂)种类很多,现将它们的有关知识介绍给大家。

1.常用器皿的洗涤

(1)常用洗涤液(剂)的种类。

水是最普通、最廉价、最方便的洗涤液。除此之外实验室还常用一些其他的洗涤液。

①酸性洗涤液:铬酸洗涤液、工业盐酸和草酸洗涤液、硝酸溶液。

铬酸洗涤液——具有强酸性和强氧化性,适用于洗涤无机物玷污的玻璃器皿和器壁残留的少量油污。用洗液浸泡油污器皿一段时间,效果更好。洗涤液失效后呈绿色,可用 $KMnO_4$ 再生。

铬酸洗涤液制备——将重铬酸钾研细成末,放置于烧杯中。每 20 g $K_2Cr_2O_7$,加 40 mL 蒸馏水加热溶解,冷却后在充分搅拌下缓缓加入 360 mL 浓 H_2SO_4 至溶液呈深褐色,置于密闭容器中备用。

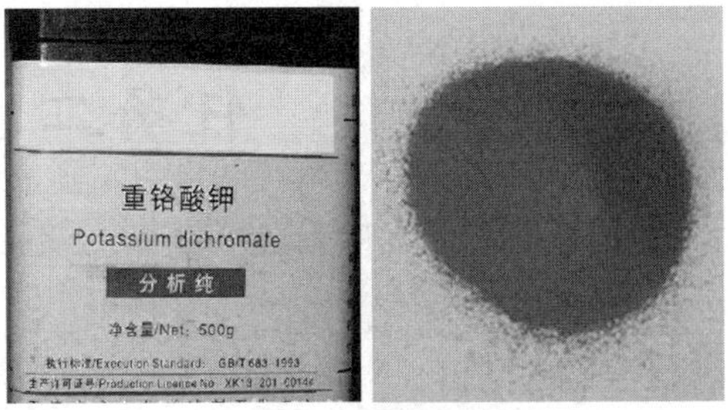

图 2-1-1 重铬酸钾固体

②碱性洗涤液:热肥皂液和合成洗涤剂液、碱溶液、碱-乙醇洗涤液、碱性 $KMnO_4$ 溶液。

③有机溶剂:乙醇、苯、乙醚、丙酮、汽油、石油醚等。

④特殊洗涤液:碘-碘化钾溶液、乙醇-浓硝酸溶液。

(2)仪器的洗涤方法。

洗涤仪器是一项很重要的操作。仪器洗得是否干净,会直接影响分析结果的可靠性与准确度。玻璃仪器洗干净的标志:应达到倾去水后器壁不挂水珠的程度。

洗涤步骤如下:用水洗 ⟹ 用洗涤液洗 ⟹ 用水洗。

2.常用玻璃仪器的干燥

(1)晾干或风干法。将洗净的仪器倒置于沥水木架上或放在干燥的柜中过夜,让其自然干燥。自然干燥最简单也最方便,但要防尘。

(2)烤干。利用加热能使水分迅速蒸发,使仪器干燥。

(3)有机溶剂干燥。对一些不能加热的仪器,如试剂瓶、称量瓶、容量瓶、滴定管、吸管等,可加入易挥发且与水互溶的有机溶剂,借残余溶剂的挥发把水分带走。

(4)吹干。电吹风对小型局部干燥比较适用,与有机溶剂法并用。

(5)烘干法。干燥较多的仪器时,105~110 ℃恒温约半小时即可。

注意事项

1.用毛刷刷洗玻璃仪器时用力不要过猛,以免捅坏仪器、扎伤皮肤。

2.准确量度溶液体积的仪器,如滴定管、容量瓶、移液管等不能用毛刷和去污粉刷洗,也不能加热干燥,以免降低其准确度。

3.铬酸洗涤液具有强酸性、强氧化性,毒性较大,对皮肤、衣物等都有较强的腐蚀性,使用时应格外仔细,小心操作以免溅出造成损伤。使用前应先倾干仪器中的水分,使用后应倒回原瓶保存。

任务二 识别化学试剂

任务目标

1.会识别化学试剂的分类、规格、标志。

2.能正确进行化学试剂的选用和取用。

3.能根据要求正确选择化学试剂。

任务分析

1.明确任务流程

识别化学试剂 ⇒ 化学试剂的选用和取用 ⇒ 根据要求正确选择化学试剂

2.任务难点分析

能根据要求正确选择化学试剂。

3.任务前准备

化学试剂介绍视频;准备优级纯、分析纯、化学纯等化学试剂。

相关知识

化学试剂分类

在化学分析实验中经常要使用化学试剂，化学试剂种类繁多，试剂选择和使用是否恰当,将直接影响分析检测结果的成败。

一、化学试剂的分类与规格

为了保证和控制试剂产品的品质,国家或有关行业制定和颁布了相应的国家标准(代号GB)、化工标准(代号 HG),没有国家标准和行业标准的产品执行企业标准(代号 QB)。

我国的化学试剂规格按纯度和使用要求分为高纯(有的叫超纯、特纯)、光谱纯、分光纯、基准、优级纯、分析纯、化学纯 7 种。国家和主管部门颁布质量标准的主要是后 3 种,即优级纯、分析纯、化学纯,见图 2-2-1。

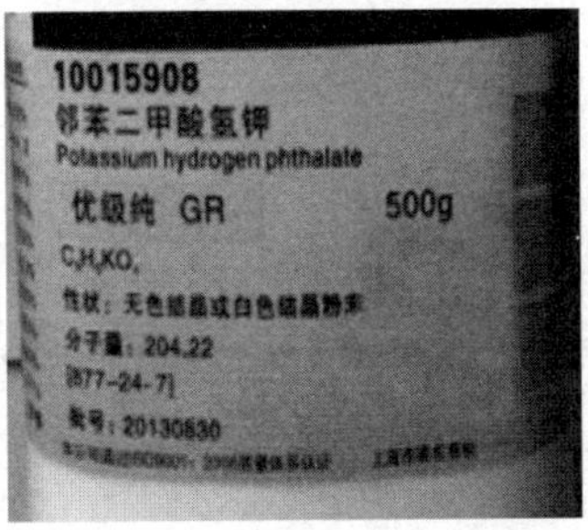

优级纯

分析纯

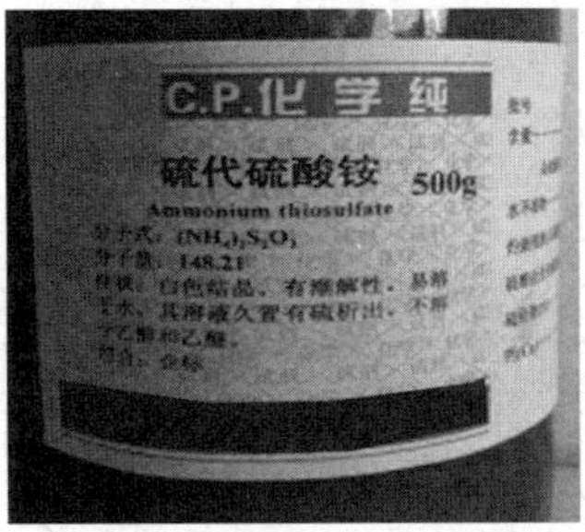

化学纯

图 2-2-1 化学试剂分类举例

二、化学试剂的标志

国家标准 GB 15346—2012《化学试剂 包装及标志》规定用不同颜色的标签来标记化学试剂的等级及门类,见表 2-2-1。

表 2-2-1 化学试剂的标签颜色

级别	中文标志	英文标志	标签颜色	用途
一级	优级纯	GR	深绿色	纯度很高,适用于精确分析和研究工作
二级	分析纯	AR	金光红色	纯度较高,适用于一般分析及科研
三级	化学纯	CP	中蓝色	纯度不高,适用于工业分析及化学实验
四级	实验试剂	LR	棕色	纯度较差,只适用于一般化学实验
	基准试剂		深绿色	纯度很高,适用于标准溶液的配制、标定

任务实施

活动 1 化学试剂的选用和取用

1.化学试剂的选用

选用试剂应综合考虑对分析结果的准确度要求,所选方法的灵敏度、选择性、分析成本等,正确选用不同级别的试剂。因为试剂的价格与其级别关系很大,在满足实验要求的前提下,选用试剂的级别就低不就高。

对分析结果准确度要求高的工作,如仲裁分析、进出口商品检验、试剂检验等,可选用优级纯、分析纯试剂。车间控制分析可选用分析纯、化学纯试剂。制备实验、冷却浴或加热浴的药品可选用工业品。

2.化学试剂的取用

化学试剂一般在准备实验时分装,把固体试剂装在易于取用的广口瓶中,液体试剂或配制成的溶液则盛放在易于倒取的细口瓶或带有滴管的滴瓶中。见光易分解的试剂(如硝酸银等)则应盛放在棕色瓶中。

3.化学试剂效能的简易判断

化学试剂如果包装不良或保管不当、存放时间过长,由于自身的性质及环境因素的影响,其纯度将会降低,甚至变质失效。因此,在使用化学试剂前应进行检查,以免给分析工作造成不应有的失误。可以根据颜色、形态和是否有气体产生粗略判断化学试剂的纯度。

注意事项

正确保存各种化学试剂；遵守试剂安全守则。

想一想

1.化学试剂的标签上包含哪些内容？

2.化学试剂效能判断的简单方法有哪些？

任务三　天平的使用与操作

任务目标

1.认识托盘天平并会正确使用与操作。

2.认识分析天平并会正确使用与操作。

任务分析

1.明确任务流程

认识托盘天平 ⇒ 会使用与操作托盘天平 ⇒ 认识分析天平 ⇒ 会使用与操作分析天平

2.任务难点分析

分析天平的熟练使用与操作技能。

3.任务前准备

仪器：托盘天平、分析天平、表面皿、小烧杯、称量瓶、锥形瓶等。

试剂：固体 Na_2CO_3 等试剂。

相关知识

原始数据处理和天平称量方法

一、原始数据的处理

记录实验数据既是良好的实验习惯，也是一项不容忽略的基本功。准确的分析测定要求分析者细致、认真，记录数据清楚、整洁；修改数据必须遵守有关规定，并注意测量所能达到的有效数字位数。

1.对原始记录的要求

(1)使用专门的记录本。学生应有专门的实验记录本，并标上页码数，不得撕去其中一页。决不允许将数据记在单页纸上或纸片上，或随意记在任何地方。

(2)应及时、准确地记录。实验过程中的各种测量数据及有关现象，都应及时、准确、清楚地记录下来，记录实验数据时，要有严谨的科学态度，实事求是，切忌夹杂主观因素，决不能随意拼凑和伪造数据。

实验过程中涉及的特殊仪器型号和标准溶液的浓度、室温等，也应及时地记录下来。

(3)注意有效数字。实验过程中记录测量数据时，应注意有效数字的位数和仪器的精度一致。如用分析天平称量时，要求记录至 0.0001 g；滴定管和吸量管的读数应记录至 0.01 mL。

(4)相同数据的记录。实验记录的每一个数据都是测量结果，所以平行测定时，即使数据完全相同也应如实记录下来。

(5)数据的改动。在实验过程中，如发现数据中有记错、测错或读错而需要改动的，可将该数据用一横划去，并在其上方写出正确的数据。

(6)用笔。数据记录要用钢笔或圆珠笔，不得使用铅笔。

2.程序及注意事项

(1)实验前预习实验，并根据要求制作记录表格。

(2)实验记录上要写明日期、实验名称、标号、检验项目、实验数据及检验人。

(3)注明表中各符号的意义，单位需采用法定计量单位。

(4)凡有改动的数据，应有教师的图章或签名。

(5)实验结束后核对记录是否正确、合理、齐全，平行测定结果是否超差，是否需要重新测定。

(6)原始记录本按实验室管理制度应由专人管理，并归档保存，一般保存期为 3 年。

二、天平的称量方法

1.直接称量法

天平调零后，将被称物直接放在称量盘上，所得读数即被称物的质量。这种称量方法适用于洁净干燥的器皿、棒状或块状金属等的称量。

2.差减称量法

取适量待称样品置于一洁净干燥的容器(称固体粉状样品用称量瓶，称液体样品可用小滴瓶)中，在天平上准确称量后，转移出欲称量的样品置于实验器皿中，再次准确称量，两次称量读数之差即为所称取样品的质量。如此重复操作，可连续称取若干份样品。

这种称量方法适用于一般的颗粒状、粉状及液态样品的称量。由于称量瓶和滴瓶都有磨口瓶塞，对于称量较易吸湿、氧化、挥发的试样很有利。

3.固定质量称量法

这种方法是为了称取固定质量的物质，又称指定质量称量法。如准确称取 1.2258 g $K_2Cr_2O_7$ 基准试剂。

称量方法：将干燥的小容器(例如称量纸或小烧杯)轻轻放在天平秤盘上，待显示平衡后按“去皮”键扣除皮重并显示零点，然后打开天平门往容器中缓缓加入试样并观察屏幕，当达到所需质量时停止加样，关上天平门，显示平衡后即可记录所称取试样的净重。采用此法进行称量，最能体现分析天平称量快捷的优势，如图 2-3-1 所示。

图 2-3-1 固定质量称量法

任务实施

活动 1 托盘天平的使用与操作

托盘天平又称台秤，是分析化学实验室中常用的称量仪器。用于精度不高的称量，一般能精确至 0.1 g，也有能精确到 0.01 g 的托盘天平。

1.托盘天平的构造

常用的各种托盘天平构造是类似的。一根横梁架在底座上，横梁的左右各有一个称盘构成杠杆。横梁的中部有指针与刻度盘相对，根据指针在刻度盘左右摆动的情况可以看出托盘天平是否处于平衡状态，如图 2-3-2 所示。

图 2-3-2 托盘天平

2.使用方法

(1)调整零点。

将游码拨到游码标尺的“0”刻度处，检查天平的指针是否停在刻度盘的中间位置。如果不在中间位置，调节托盘下侧的平衡调节螺母，使指针在离刻度盘的中间位置左右摆动距离大致相等，则天平处于平衡状态。此时指针停指刻度盘的中间位置就称天平的零点。

(2)称量。

左盘放称量物，右盘放砝码。砝码用镊子夹取，先加大砝码，后加小砝码，最后用游码调节，使指针在刻度盘左右两边摇摆的距离几乎相等，当托盘天平处于平衡状态时指针所停的位置称为停点。停点与零点相符时(停点与零点之间允许偏差 1 小格以内)，砝码值和游码在标尺上的刻度数值之和即为所称量物的质量。

注意事项

砝码不得用手移动，必须用镊子夹取。

活动 2 分析天平的使用与操作

分析工作中，常常要对物质进行精确的称量，分析天平是定量分析中最主要、最常用的称量仪器之一，如图 2-3-3 所示。

1.分析天平称量前的检查

(1)称量前取下防尘布罩，叠好后放在分析天平右后方的台面上。

(2)接通电源。分析天平初次连接到交流电源后，或者在断电相当长时间以后，必须至少预热 30 min。只有经过充分预热，天平才能达到所需的工作温度。

(3)查看水平仪，若不水平，需调整水平调节螺丝，直到气泡位于水平仪上圆圈的中央。水平仪调节如图 2–3–4 所示。

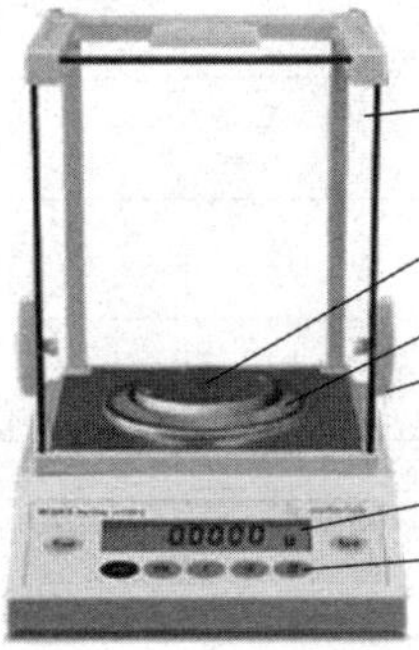

图 2–3–3 分析天平

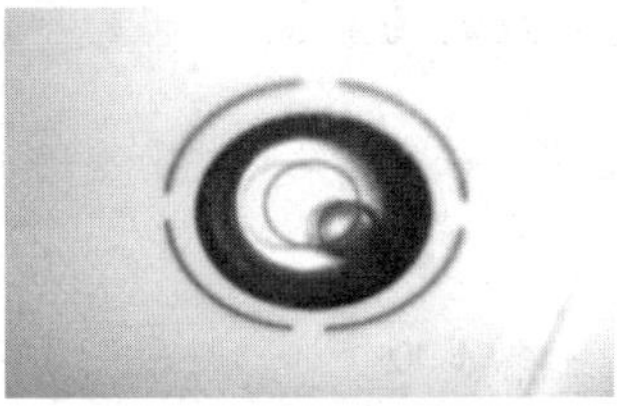

图 2–3–4 水平仪调节

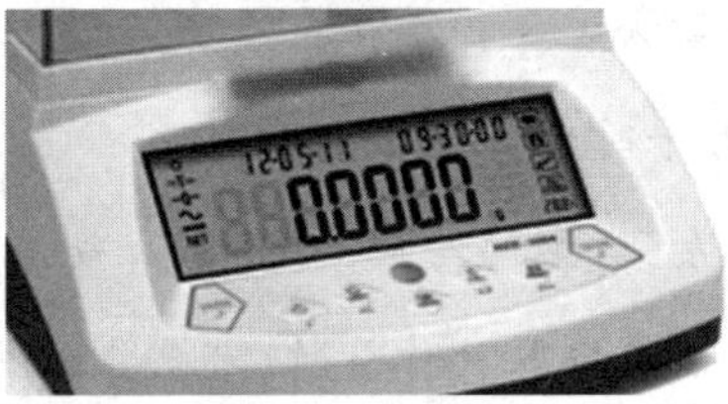

图 2–3–5 调零

(4)按一下“开/关”键，显示屏很快出现“0.0000 g”，见图 2–3–5。如果显示不是“0.0000 g”，按一下“调零”键，即可开始称量。

小贴士

1.天平安装后，第一次使用前，应对天平进行校准。存放时间较长、位置移动、环境变化后，或为了获得精确的测量结果，天平在使用前一般都应进行校准操作。

2.天平采用外校准(有的分析天平具有内校准功能)，按“调零”键清零后，按“CAL”键，放上 100 g 校准砝码，显示“100.0000 g”，即完成校准。

2.直接称量法练习

(1)调节好天平的零点。

(2)将称量物(笔、钥匙、称量瓶等)直接放在天平秤盘上，待数字稳定后，即可读出称量物的质量。

(3)记录称量物的质量，见表 2–3–1。

(4)实验全部结束后，关闭显示器，切断电源，罩上天平罩。

表 2-3-1 直接称量法记录表

天平编号			实验日期		
称量物	笔	钥匙	小表面皿	称量瓶	小烧杯
质量/g					

注意事项

1.直接称量法适合称量在空气中不吸湿,不与空气反应的物质。

2.开、关天平时动作要轻、缓。

3.读数时左、右侧门均应关闭,防止气流影响读数。

4.不能用手直接取放称量物,可戴上细纱手套或用纸条夹取。

5.称量物外形不能过大,重物应位于秤盘中央。

3.减量称量法练习

(1)将洁净的锥形瓶(或小烧杯)编号。

(2)在洁净、干燥的称量瓶中装入约 2 g Na_2CO_3,在分析天平上准确称量(精确至 0.1 mg),记下质量。见表 2-3-2。

(3)取出称量瓶,按减量称量法的操作轻移试样 0.15~0.2 g 于锥形瓶中,并准确称出称量瓶和剩余试样的质量。称量瓶的操作如图 2-3-6 所示。

(4) 以同样的方法再连续称取 0.15 ~ 0.2 g 试样 2~3 份,每份试样均称准至 0.1 mg,以熟悉操作。

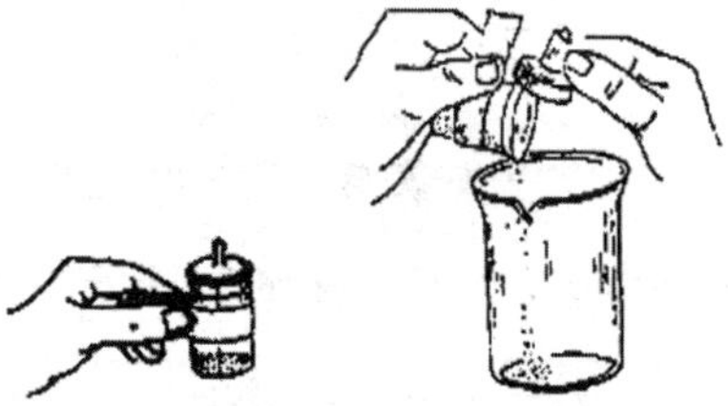

图 2-3-6 称量瓶的操作

表 2-3-2 减量称量法记录表

天平编号				
实验日期				
锥形瓶编号	1#	2#	3#	4#
称量瓶+样品质量,m_1(g)				
称量瓶+剩余样品的质量,m_2(g)				
样品质量,m(g)				

注意事项

1.不得用天平称量热的或超载的物品，不得称带磁性的物质，天平的门要经常保持关闭，特别是在称量过程中。

2.天平开机前要预热 0.5 h 以上。

3.称量时，被称物质放在秤盘的中央。药品不得直接放在天平盘中称量，须放在容器内或称量纸上称量。

4.称量动作要轻，防止碰撞防风罩，以致药品撒落。称量完毕要清洁秤盘。

想一想

1.什么情况下用直接称量法？什么情况下用减量称量法？

2.用减量称量法称取试样，若称量瓶内的试样吸湿，将对称量结果造成什么误差？若试样倾倒入烧杯内以后再吸湿，对称量是否有影响？

项目评价

表 2–1 项目评价表

序号	考核内容	评分标准	分值	小组评价	教师评价
1	分析实验室常用玻璃器皿（15 分）	认识常用器皿规格、用途	5 分		
		选择洗涤液，洗涤和干燥	5 分		
		注意事项	5 分		
2	分析实验室用水（20 分）	制备蒸馏水	10 分		
		选择和使用蒸馏水	10 分		
3	化学试剂（20 分）	识别化学试剂及分类	10 分		
		保存及判断效能	10 分		
4	托盘天平（15 分）	托盘天平称量前准备	5 分		
		托盘天平称量操作	5 分		
		称量后处理	5 分		
5	分析天平（30 分）	分析天平称量前准备	10 分		
		分析天平称量操作	10 分		
		称量后处理	10 分		
考核结果					

课后自测

一、判断题

(　)1.优级纯化学试剂的标签为深蓝色。

(　)2.蒸馏水就是去离子水。

(　)3.不同的分析方法选择不同级别的蒸馏水可以节省开支。

(　)4.化学试剂中二级品试剂常用于微量分析、标准溶液的配制、精密分析工作。

(　)5.在分析化学实验中常用分析纯的试剂。

(　)6.电子天平一定比普通电光天平的精度高。

(　)7.分析天平的灵敏度越高,其称量的准确度越高。

(　)8.选择天平时既要考虑天平的最大载荷,又要考虑称量的准确程度。

(　)9.电子天平使用前应预热较长一段时间。

(　)10.在天平的维护上要注意天平的防震、防潮、防腐蚀等。

(　)11.化学纯试剂品质低于实验试剂。

(　)12.用纯水洗涤玻璃仪器时,既干净又节约水的方法是少量多次。

(　)13.应根据不同的实验要求合理地选择相应规格的试剂。

(　)14. GB 15346—2012《化学试剂 包装及标志》,其中 GB 代表工业标准。

(　)15.国际标准代号为 ISO,我国国家标准代号为 GB。

(　)16.在实验室中,浓碱溅到皮肤上时,用大量水冲洗后再用 5%小苏打溶液处理。

(　)17.实验室所用水为三级水,它用于一般化学分析实验,可以用蒸馏、离子交换等方法制取。

(　)18.用过的铬酸洗液应倒入废液缸,不能再次使用。

二、选择题

1. 分析纯试剂瓶标签的颜色为(　　)。

A. 金光红色　　B. 中蓝色　　C. 深绿色　　D. 玫红色

2. 分析实验室的试剂药品不应按(　　)分类存放。

A. 酸、碱、盐等　　B. 官能团　　C. 基准物、指示剂等　　D. 价格的高低

3. 分析实验室用水的等级分为(　　)。

A. 四级　　B. 一级　　C. 二级　　D. 三级

4. 下列单质有毒的是(　　)。

A. 硅　B. 铝　C. 汞　D. 碳

5. 下列氧化物有剧毒的是(　　)。

A. Al_2O_3　B. As_2O_3　C. SiO_2　D. ZnO

6. 实验室中的仪器和试剂应(　　)存放。

A. 混合　B. 分开　C. 对应　D. 任意

7. 常用分析纯试剂的代码是(　　)。

A. CP　B. AR　C. GR　D. LR

8. 下列化合物中(　　)应纳入剧毒物品管理。

A. NaCl　B. Na_2SO_4　C. $HgCl_2$　D. H_2O_2

9. 一般化学分析用水应选择(　　)。

A. 三级水　B. 一级水　C. 二级水　D. 自来水

10. 分析实验室用水的检验项目不包括(　　)。

A. pH　B. 电导率　C. 化学耗氧量　D. 吸光度

11. 称量易吸湿的固体样应用(　　)盛装。

A. 研钵　B. 表面皿　C. 小烧杯　D. 高型称量瓶

12. 下列仪器不能加热的是(　　)。

A. 烧杯和试管　B. 容量瓶和滴定管　C. 坩埚和小烧杯　D. 锥形瓶和试管

13. 各种试剂按纯度从高到低排列的代号顺序是(　　)。

A. GR>AR>CP　B. GR>CP>AR　C. AR>CP>GR　D. CP>AR>GR

14. 分析实验室用水不控制(　　)指标。

A. pH　B. 细菌　C. 电导率　D. 吸光度

15. 一般分析实验和科学研究中适用(　　)。

A. 优级纯试剂　B. 分析纯试剂　C. 化学纯试剂　D. 实验试剂

三、简答题

1. 分析天平称量前应做哪些检查？

2. 分析天平的称量方法有哪几种？

3. 玻璃仪器洗净的标志是什么？

4. 化学试剂的选用原则是什么？

项目三　滴定分析专业基础

项目导入

滴定分析检测工作需要涉及不同浓度的各种溶液及相应滴定分析仪器。

本项目主要任务之一就是认识不同浓度的各种溶液并学习相应的配制方法，之二是掌握常用滴定分析玻璃仪器如滴定管、移液管、容量瓶的使用与操作方法。虽然内容比较简单，反复训练可能会枯燥，但不可轻视它们，职业能力都是从使用这些基本仪器开始的，并要求达到一定的熟练程度，为后续技能训练打下基础。

本项目还介绍了滴定分析相关知识，如准确度、精密度、有效数字、滴定术语、滴定分类、滴定方式、仪器校准等。

任务一　一般溶液的配制

任务目标

1.能归纳实验室常用试剂浓度的表示方法，并能正确配制，会操作实验室常用玻璃器皿。

2.熟悉准确度、精密度的基本概念，并能进行相关计算。

3.熟悉基本单元，能正确确定物质的基本单元。

任务分析

1.明确任务流程

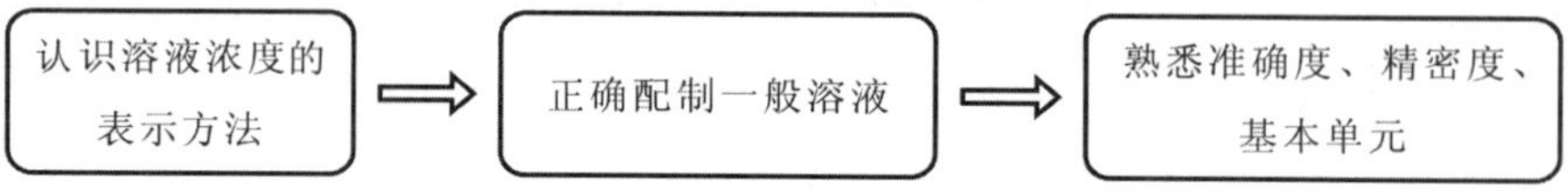

2.任务难点分析

常用试剂浓度的表示方法,各种浓度溶液的配制。

3.任务前准备

仪器:托盘天平、量筒、大烧杯、小烧杯、试剂瓶等。

试剂:NaOH、H_2SO_4、氨水、氯化铵等。

相关知识

溶液的配制、化学分析计算中的基本单元

分析工作中所用的溶液,大体上分为两类:一类是具有大约浓度的一般溶液,另一类是具有相当准确浓度的标准溶液。由于标准溶液和一般溶液在准确度上有很大的差别,所以这两种溶液的配制在方法、所使用的试剂和仪器上都有很大的区别。

一、标准滴定溶液表示方法

标准溶液分为滴定分析用标准溶液(即标准滴定溶液)和杂质测定用标准溶液。

标准滴定溶液又称滴定剂,是确定了准确浓度的用于滴定分析的溶液。在滴定分析中,不论采用何种滴定方法,都必须使用标准滴定溶液,并通过标准滴定溶液的浓度和用量来计算待测组分的含量。

1.标准滴定溶液的浓度表示

(1)物质的量浓度(c_B)。物质的量浓度(简称浓度)是指 1 L 溶液中所含溶质的物质的量。表明物质的量浓度时,一定要指明其基本单元,用 $c(\frac{1}{z}B)$表示,单位是摩尔每升($mol \cdot L^{-1}$)。

$$计算公式为：c(\frac{1}{z}B)=\frac{n(\frac{1}{z}B)}{V}$$

(2)滴定度。滴定度是指 1 mL 标准滴定溶液相当于待测组分的质量。用 $T_{B/A}$ 表示，单位是克每毫升($g·mL^{-1}$)。

$$计算公式为：T_{B/A}=m_B/V_A$$

2.标准滴定溶液的配制

配制标准滴定溶液有直接法和标定法两种。

(1)直接法。准确称取一定量的基准物质，溶解后定量稀释至一定体积即成。其浓度可根据基准物质的质量及溶液体积直接计算而得。

基准物质——能用于直接配制标准滴定溶液的物质。基准物质必须符合下列条件：

①纯度在 99.95%以上。

②物质的实际组成与化学式完全符合(包括结晶水)。

③性质稳定，在贮存、烘干和称量过程中不发生变化，如不风化、不吸收水和 CO_2、不分解等。

④具有较大的摩尔质量。

常用基准物质及其应用条件见表 3-1-1。

表 3-1-1 常用基准物质及应用条件

标准滴定溶液	工作基准试剂	工作基准试剂的干燥条件
盐酸和硫酸	无水碳酸钠(Na_2CO_3) 硼砂($Na_2B_4O_7·10H_2O$)	270~300 ℃ 放于装有 NaCl 和蔗糖饱和溶液的干燥器中 10 h
氢氧化钠	邻苯二甲酸氢钾($KHC_8H_4O_4$)	105~110 ℃
高氯酸	邻苯二甲酸氢钾($KHC_8H_4O_4$)	105~110 ℃
硫代硫酸钠	重铬酸钾($K_2Cr_2O_7$)	(120±2) ℃
碘	三氧化二砷(As_2O_3)	硫酸干燥器
高锰酸钾	草酸钠($Na_2C_2O_4$)	105~110 ℃
硫酸铈	草酸钠($Na_2C_2O_4$)	105~110 ℃
EDTA	氧化锌(ZnO)	800 ℃
硫氰酸钾	硝酸银($AgNO_3$)	硫酸干燥器
硝酸银	氯化钠(NaCl)	500~600 ℃
亚硝酸钠	无水对氨基苯磺酸($C_6H_4NH_2SO_3H$)	120 ℃

(2)标定法(又叫间接法)。具体配制方法见项目四等。

在滴定分析中,标准滴定溶液浓度的准确度直接影响分析结果的准确度,因此配制标准滴定溶液在方法、使用仪器、量具和试剂方面都有严格的要求,具体要求查阅 GB/T 601—2016。

二、一般溶液浓度的表示方法

一定量溶液(少数情况下为溶剂)中所含溶质的量称为溶液的浓度。溶液浓度的表示方法有以下几种,其中 A 代表溶剂,B 代表溶质。

1.“分数”浓度

(1)B 的质量分数(ω_B)

ω_B 定义:B 的质量 m_B 与溶液质量 $m_{溶液}$之比。

$$\omega_B=m_B/m_{溶液}$$

(2)B 的体积分数(φ_B)

φ_B 定义:B 的体积 V_B 与溶液体积 $V_{溶液}$之比。

$$\varphi_B=V_B/V_{溶液}$$

2.“比例”浓度

包括体积比(V_A+V_B)浓度和质量比(m_A+m_B)浓度。

(1)体积比浓度。体积比浓度是液体试剂相互混合或用溶剂稀释时的表示方法。如(1+3)的硫酸,是指 1 个单位体积的浓硫酸与 3 个单位体积的水,按一定的方法相互混合。

(2)质量比浓度。如(1+100)的铬黑 T−氯化钠指示剂,是指 1 个单位质量的铬黑 T 与 100 个单位质量的氯化钠相互混合,这里的铬黑 T 和氯化钠均为固体试剂。

3.B 的质量浓度(ρ_B)

ρ_B 定义:B 的质量除以溶液的体积,即

$$\rho_B=m_B/V_{溶液}$$

单位是克每升($g\cdot L^{-1}$),即 1 L 溶液中所含溶质的克数。一般指示液的浓度常使用该法表示。如 $\rho_{酚酞}=10\ g\cdot L^{-1}$ 表示酚酞的质量浓度为 10 $g\cdot L^{-1}$,即 1 L 该溶液中含 10 g 酚酞。

4.物质的量浓度 c_B(简称浓度)

c_B 定义:指 1 L 溶液中所含溶质的物质的量,单位是摩尔每升($mol\cdot L^{-1}$),即

$$c_B=n_B/V_{溶液}$$

三、溶液浓度的换算

同样一种溶液的浓度有许多种表示方法,不管用哪一种方法,虽然数值上发生变化,但

一定量溶液中溶质的量是不会改变的。

1.质量分数与物质的量浓度换算

当溶液的密度(d)已知时,物质的量浓度与质量分数的关系式为

$$c_B=\frac{1000 \cdot d \cdot \omega_B}{M_B}$$

式中 c_B——B 的物质的量浓度,$mol \cdot L^{-1}$

d——溶液的密度,$g \cdot mL^{-1}$;

ω_B——溶质 B 的质量分数,%;

M_B——溶质以 B 为基本单元的摩尔质量,$g \cdot mol^{-1}$。

2.质量浓度与物质的量浓度换算

根据 $\rho_B=\frac{m_B}{V}$,$c_B=\frac{n_B}{V}$ 及 $\frac{m_B}{n_B}=M_B$

则有 $\rho_B=c_B \cdot M_B$

即质量浓度是物质的量浓度与其摩尔质量的乘积。

四、化学分析计算中的基本单元

基本单元可以是组成物质的任何自然存在的原子、分子、离子、电子、光子等粒子(以 B 表示),也可以是按照需要人为地分割或组合成的实际上并不存在的个体或单元(以$\frac{1}{z}$B 表示,z 为一个分子或离子在酸碱反应中转移的质子数,或在氧化还原反应中转移的电子数),如“$\frac{1}{2}H_2SO_4$”“$\frac{1}{5}KMnO_4$”等。

一种物质选用什么样的基本单元,应视具体反应而定。例如,在酸碱反应中是以转移一个质子的特定组合作为反应物质的基本单元;在氧化还原反应中却是以转移一个电子的特定组合作为反应物质的基本单元。

同一物质在不同的化学反应中可选择不同的基本单元。如反应

$$H_2SO_4+NaOH=NaHSO_4+H_2O$$

硫酸是以其分子的完整形态参加反应,选择的基本单元是“H_2SO_4”。而另一反应

$$H_2SO_4+2NaOH=Na_2SO_4+2H_2O$$

应选择“$\frac{1}{2}H_2SO_4$”作为参加反应的基本单元。若用 B 代表物质粒子的化学式,$\frac{1}{z}$ 代表构成基本单元的系数,则基本单元用$\frac{1}{z}$B 表示。

滴定分析中确定基本单元的具体方法是：

酸碱滴定通常以能接受或给出一个质子(即 H^+)的特定组合作为基本单元；氧化还原滴定是以能接受或给出一个电子的特定组合作为基本单元；配位滴定由于 EDTA 与不同价态的金属离子生成配合物时，一般情况下均形成 1:1 配合物，通常以参与反应的物质的分子或离子作为基本单元；沉淀滴定的卤化银沉淀反应以参与反应的物质的分子或离子作为基本单元。

在化学分析技术中，常见物质的基本单元确定方法是：

盐酸的基本单元取 HCl、硫酸的基本单元取 $\frac{1}{2}H_2SO_4$、碳酸钠的基本单元取 $\frac{1}{2}Na_2CO_3$、草酸钠的基本单元取 $\frac{1}{2}Na_2C_2O_4$、高锰酸钾的基本单元取 $\frac{1}{5}KMnO_4$、重铬酸钾的基本单元取 $\frac{1}{6}K_2Cr_2O_7$、碘单质的基本单元取 $\frac{1}{2}I_2$。

任务实施

活动 1 配制质量浓度 $\rho(NaOH)=4\ g\cdot L^{-1}$ 的 NaOH 溶液

(1)计算：配制 4 $g\cdot L^{-1}$ 的溶液 100 mL 需要氢氧化钠的质量，可根据下式计算。

$$m(NaOH)=\rho\times V=4\times 0.1=0.4\ (g)$$

(2)配制：在托盘天平上称取 0.4 g NaOH 于一干净烧杯中，加水溶解，并稀释至 100 mL，搅匀，转移至试剂瓶中。

(3)标识(或贴标签)。

注意事项

NaOH 具有腐蚀性，应严格按操作规程做实验。

活动 2 配制物质的量浓度 $c=0.1\ mol\cdot L^{-1}$ 的硫酸溶液

(1)计算：配制 0.1 $mol\cdot L^{-1}$ 的硫酸溶液 500 mL，需要浓硫酸(18.4 $mol\cdot L^{-1}$)的体积，可根据下式计算(依据是溶液在稀释前后，溶质物质的量不变)。

$$c_{浓}\cdot V_{浓}=c_{稀}\cdot V_{稀}$$

$$18.4\times V_{浓}=0.1\times 500$$

$$V_{浓}=2.7\ (\text{mL})$$

(2)配制：量取2.7 mL浓硫酸，不断搅拌下，缓缓注入300 mL水中，冷却，稀释至500 mL，搅匀，转移至试剂瓶中。

(3)标识(或贴标签)。

注意事项

1.因浓硫酸稀释时要释放出大量热，所以一定要将浓硫酸小心地、慢慢地沿烧杯壁注入适量的水中，并要边加边搅拌。

2.当发现剧烈放热时要停止滴加，待冷却后再继续滴加。

活动3 配制pH=10的$NH_3\cdot H_2O-NH_4Cl$缓冲溶液

(1)计算：查附录Ⅷ常用缓冲溶液表，需54 g氯化铵，350 mL浓氨水。

(2)配制：称取54 g氯化铵于一干净烧杯中，加水溶解，再量取350 mL浓氨水缓缓加入此溶液中，加水稀释至1 000 mL，搅匀，装入试剂瓶中。

(3)标识(或贴标签)。

小贴士

在分析化学实验中，有时为了保证某一测定项目的顺利进行，往往需要控制溶液的酸度，使用缓冲溶液就能达到这种效果。

1.缓冲溶液及其作用

缓冲溶液是一种能对溶液的酸度起稳定作用的溶液。向缓冲溶液中加入(或在反应中生成)少量的强酸或强碱，或将溶液稍加稀释，溶液的pH基本不变。这种作用称为缓冲作用。

2.缓冲溶液的组成

(1)弱酸及其盐，如HAc−NaAc。

(2)弱碱及其盐，如$NH_3\cdot H_2O-NH_4Cl$。

(3)两性物质，如$NaH_2PO_4-Na_2HPO_4$。

(4)高浓度的强酸、强碱，如0.1 $mol\cdot L^{-1}$的HCl、0.1 $mol\cdot L^{-1}$的NaOH等。

任务二 滴定管的使用与操作

任务目标

1.掌握滴定管的规格、用途和使用方法。

2.学习滴定管的操作方法和使用注意事项。

任务分析

1.明确任务流程

认识滴定管 ⇒ 选择滴定管 ⇒ 使用前准备 ⇒ 滴定管操作

2.任务难点分析

滴定管的操作方法和使用注意事项。

3.任务前准备

仪器:酸式滴定管、碱式滴定管、锥形瓶、常用玻璃仪器等。

试剂:0.1 mol·L^{-1} NaOH 溶液、0.1 mol·L^{-1} HCl 溶液、1 g·L^{-1} 甲基橙(MO)指示剂溶液、10 g·L^{-1} 酚酞(PP)指示剂、乙醇溶液、铬酸洗液等。

相关知识

分析结果的评价

一、误差的分类

误差可分为系统误差和偶然误差。

1.系统误差

系统误差指由于某些固定原因所导致的误差,具有“重复性”“单向性”“可测性”的特点。

系统误差按其某些固定原因可分为以下四种：

(1)仪器误差。

由于仪器本身的缺陷所造成的误差。例如，天平灵敏度不符合要求、砝码质量未校正、滴定管刻度值与真实值不相符合等引起的误差。

(2)试剂误差。

由于试剂不纯或蒸馏水中含有微量杂质而引起的误差。

(3)操作误差。

由于操作不当而引起的误差。产生个人操作误差的原因：一是由于个人观察判断能力的缺陷或不良习惯引起的；二是来源于个人的偏见或一种先入为主的成见。例如，滴定管的读数总是偏高或偏低，滴定终点颜色辨别总是偏深或偏浅。

(4)方法误差。

由于所采用的分析方法本身所引起的误差，这种误差是不能避免的。例如，滴定反应有副反应，在重量分析中沉淀溶解损失。

2.偶然误差

偶然误差是指由于某些偶然的、微小的和不可知的因素所引起的误差。例如，测量时环境温度、压力、湿度发生变化，仪器性能发生微小波动，空气中尘埃降落速度不恒定等其他未确定因素均将引起偶然误差。偶然误差的出现呈正态分布，小误差出现的概率大，大误差出现的概率小，大小相等的正负误差出现的概率相等。

除上述两类误差外，还有一种误差称为过失误差，这种误差是由于操作不正确、粗心大意而造成的。例如加错试剂、读错砝码、溶液溅失等，皆可引起较大的误差。有较大误差的数值在找出原因后应弃去不用。绝不允许把过失误差当作随机误差。

二、准确度与精密度

1.准确度与误差

准确度是指测定值接近真实值的程度，其大小用误差表示。误差分为绝对误差和相对误差两种。

$$\text{绝对误差}(E)=\text{测定值}(X)-\text{真实值}(T)$$

$$\text{相对误差}(RE)=\frac{\text{绝对误差}(E)}{\text{真实值}(T)}\times100\%$$

通常用相对误差表示测定结果的准确度。

【例 1】若 1# 测定值为 57.30，真实值为 57.34，2# 测定值为 80.35，真实值为 80.39，两者的绝对误差(E)都为−0.04，求两者测定的相对误差。

解：两者测定的相对误差分别为

$$相对误差(RE)=\frac{E}{T}\times100\%=\frac{-0.04}{57.34}\times100\%=-0.07\%$$

$$相对误差(RE)=\frac{E}{T}\times100\%=\frac{-0.04}{80.39}\times100\%=-0.05\%$$

两次测定的绝对误差是相同的，它们的相对误差却相差较大。可见用相对误差更能表达测定(称量)值与真实值之间的关系。

2.精密度与偏差

精密度是指在相同条件下，对同一试样，进行多次平行测定的结果相互接近的程度。其大小通常用偏差表示。偏差愈小，说明平行测定的精密度愈高。滴定分析常用相对平均偏差和相对极差表示精密度。

分析中，假设平行测定了 n 次，测定结果分别为 x_1、x_2、$x_3\cdots x_n$。测定结果的算术平均值为

$$x=\frac{x_1+x_2+\cdots+x_n}{n}$$

(1)绝对偏差(d_i)是指个别测定值与平均值的差值。$d_i=x_i-\overline{x}$

相对偏差是指绝对偏差在平均值中所占的百分比。相对偏差$=\frac{x_i-\overline{x}}{\overline{x}}\times100\%$

(2)平均偏差($\overline{d}$)是指各次偏差绝对值的算术平均值。$\overline{d}=\frac{\sum\left|x_i-\overline{x}\right|}{n}$

相对平均偏差是平均偏差在平均值中所占的百分比。相对平均偏差$=\frac{\overline{d}}{\overline{x}}\times100\%$

(3)极差(R)是在一组平行测定数据中，最大值与最小值之差。$R=x_{max}-x_{min}$

相对极差是指极差在平均值中所占的百分比。相对极差$=\frac{R}{\overline{x}}\times100\%$

【例 2】称量某基准物的三次结果是：0.1041，0.1049，0.1039。计算其测定结果的平均值、平均偏差、相对平均偏差、极差、相对极差。

解：

平均值 $\overline{x}=\frac{x_1+x_2+\cdots+x_n}{n}=\frac{0.1041+0.1049+0.1039}{3}=0.1043$

平均偏差 $\overline{d}=\frac{|0.1043-0.1041|+|0.1043-0.1049|+|0.1043-0.1039|}{3}=0.0004$

相对平均偏差 $=\frac{0.0004}{0.1043}\times100\%=0.38\%$

极差$(R)=0.1049-0.1039=0.0010$

相对极差$=\frac{0.0010}{0.1043}\times100\%=0.96\%$

3.准确度和精密度的关系

精密度好是保证准确度高的先决条件。若存在系统误差，精密度高，准确度不一定高。如果精密度很低，说明测定结果不可靠，在这种情况下，自然失去了衡量准确度的意义。所以在评价分析结果时，必须将系统误差和偶然误差的影响结合起来考虑，以提高分析结果的准确度。

三、减小分析误差的方法

1.消除系统误差的措施

(1)对照实验。对照实验就是用同样的分析方法，在同样的条件下，用标准样代替试样进行的平行测定。

(2)空白实验。由试剂和器皿引入而造成的系统误差，一般可做空白实验来加以校正。空白实验是指不加试样，但用与有试样时相同的操作进行的实验。空白实验所得结果的数值称为空白值。从试样的测定值中扣除空白值，就得到相对准确的测定结果。

(3)校准仪器。分析测定中，具有准确体积和质量的仪器，如滴定管、移液管、容量瓶和分析天平砝码，都应进行校准，以消除仪器不准所引起的系统误差。

2.减少随机误差

如前所述，增加测定次数，多做几次平行实验并取其平均值作为测定结果，这样可使正负随机误差相互抵消，在一般的分析测定中，测定次数为3~4次。

3.防止过失误差

测量时严格控制测定条件，遵守操作规程，耐心细致地进行操作，做好原始记录，并反复核对，就能够避免过失误差的产生。

4.减少测量误差

为了使测量的相对误差小于0.1%：

则试样称量的最小质量 $m_s=\dfrac{绝对误差}{相对误差}=\dfrac{0.0002}{0.001}=0.2\ (g)$；

滴定剂的最少消耗体积 $V=\dfrac{绝对误差}{相对误差}=\dfrac{0.02}{0.001}=20\ (mL)$。

任务实施

活动 1 认识滴定管

滴定管是准确测量溶液体积的量出式量器。常见的滴定管分为酸式滴定管、碱式滴定管和聚四氟乙烯活塞酸碱两用滴定管等。目前普遍使用聚四氟乙烯活塞酸碱两用滴定管。滴定管标称容量通常有 50 mL 和 25 mL 两种，最小刻度为 0.1 mL，读数可估读到 0.01 mL。常量分析常用滴定管如图 3-2-1 所示。

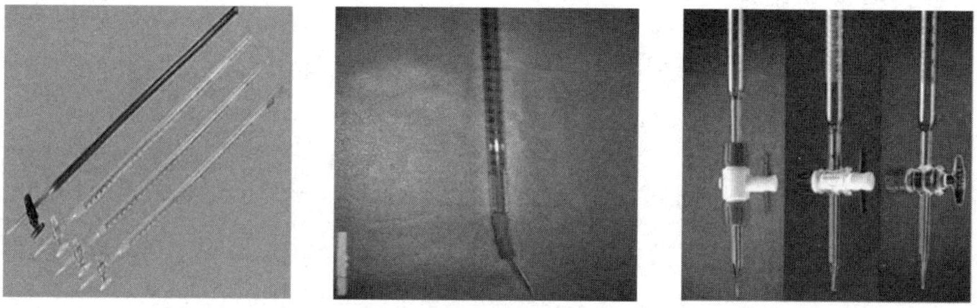

(a)酸式滴定管　(b)碱式滴定管　(c)两用滴定管

图 3-2-1 滴定管类型

注意事项

50 mL 滴定管“0”刻度线以上、“50”刻度线以下是没有刻度的，所以，盛装的溶液不能超过“0”刻度线，不能低于“50”刻度线。

活动 2 滴定管的使用与操作

1.滴定管的知识

(1)滴定管的有关术语和技术要求。

在滴定分析中所使用的滴定管必须符合 GB/T 12805—2011 规定。

滴定管是量出式计量玻璃仪器。容量单位为立方厘米(cm^3)或毫升(mL)，标准温度 20 ℃。

(2)滴定管的用途和等级。

滴定管是准确测量放出液体体积的玻璃仪器。滴定管等级分A、B级,其中A级为较高级,B级为较低级。

滴定管标志如图3-2-2所示。

图3-2-2 滴定管标志

2.滴定管的使用与操作

(1)滴定管选择。

应根据滴定中消耗标准滴定液体积的多少和滴定液的性质选择相应规格的滴定管。如酸性溶液、氧化性溶液和盐类稀溶液应选择酸式滴定管,酸式滴定管不能装碱性溶液,因为玻璃活塞易被碱腐蚀,粘住无法打开。

(2)滴定前的操作。

①涂油(酸式滴定管)。

取下活(旋)塞,用滤纸片擦干活塞、活塞孔和活塞槽。用手指在活塞两端沿圆周各涂上一层薄薄的凡士林。然后将活塞直插入活塞槽中,向同一方向转动活塞,直至活塞和活塞槽内的凡士林全部透明为止。如图3-2-3所示。

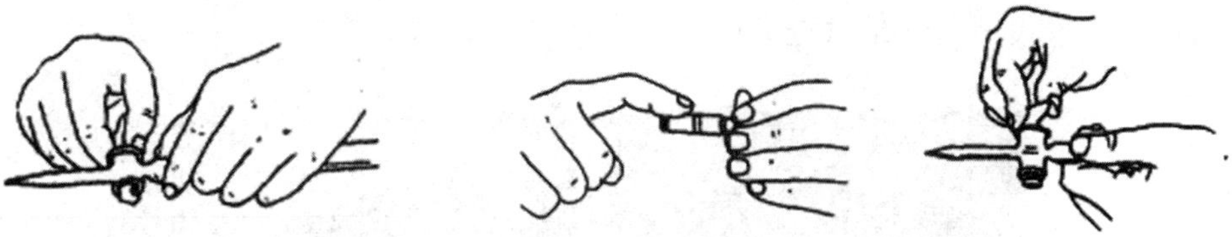

(a)擦干活塞、活塞孔和活塞槽　　(b)涂凡士林　　(c)旋转活塞

图3-2-3 酸式滴定管涂油

②试漏。

碱式滴定管试漏如图3-2-4(a)所示,酸式滴定管试漏如图3-2-4(b)所示。

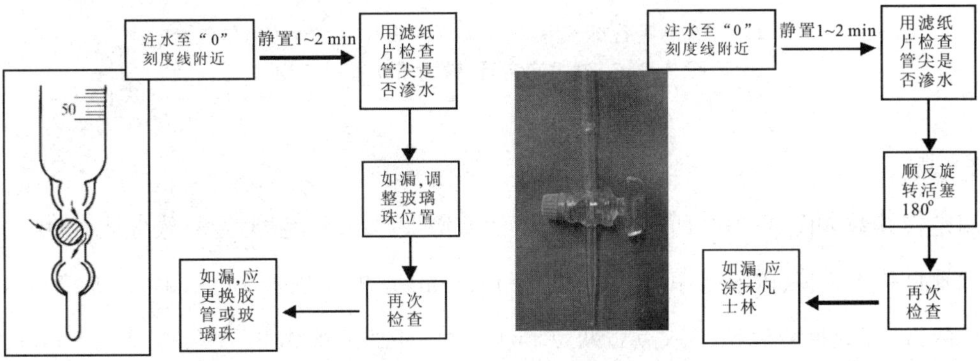

(a)碱式滴定管试漏　　(b)酸式滴定管试漏

图3-2-4 碱式滴定管、酸式滴定管试漏

③洗涤。

无明显油污的滴定管，可直接分别用自来水冲洗、蒸馏水清洗、待装液润洗三次以上，每次 5~10 mL。否则应选择合适的洗涤剂洗涤。若有油污不易洗净时，可用铬酸洗液洗涤。洗涤时将酸式滴定管内的水尽量除去，关闭活塞，倒入 10~15 mL 洗液于滴定管中，两手横持滴定管，边转动边向管口倾斜，直至洗液布满全管内壁为止，如图 3-2-5 所示。

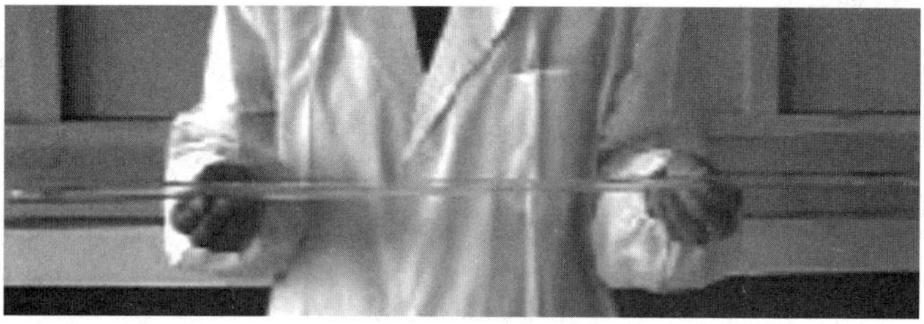

图 3-2-5 滴定管洗涤

④装溶液赶气泡。

滴定管“50”刻度线以下是没有刻度的，所以管尖不能有气泡。碱式滴定管排气泡如图 3-2-6(a)所示，酸式滴定管排气泡如图 3-2-6(b)所示。

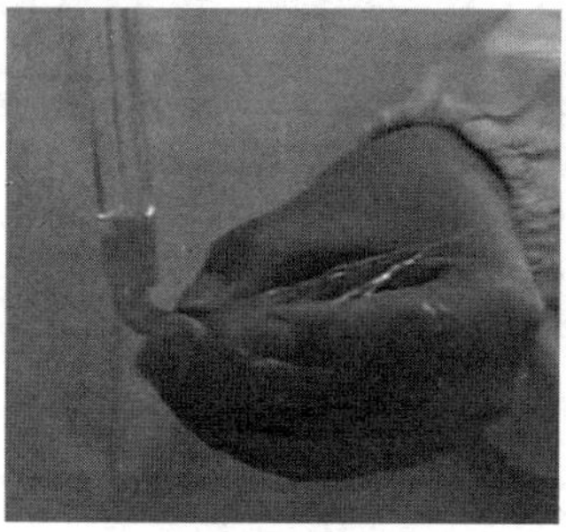

(a)碱式滴定管排气泡

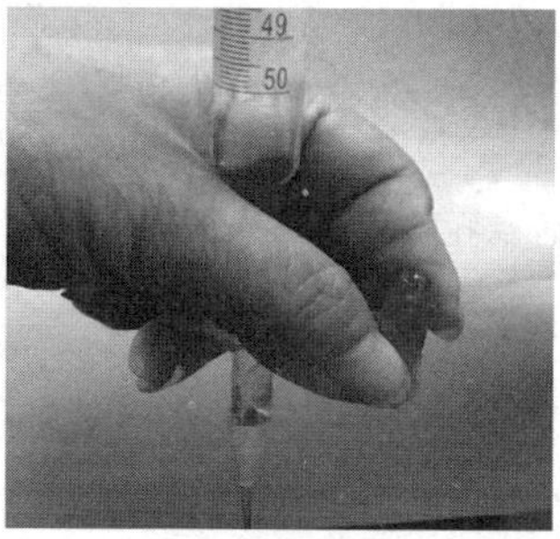

(b)酸式滴定管排气泡

图 3-2-6 碱式滴定管、酸式滴定管排气泡

⑤读数。

滴定管读数如图 3-2-7 所示。读数前，活塞应关至水平，管尖无液珠悬挂，手中滴定管呈自然垂直状态。装、放液结束后，必须等待 1~2 min 方可读数。滴定结束，须等待 30 s 以上方可读数，读取数据应保留小数点后两位。滴定前，补加溶液到“0”刻度线以上 5 mm 左右，重新调零。

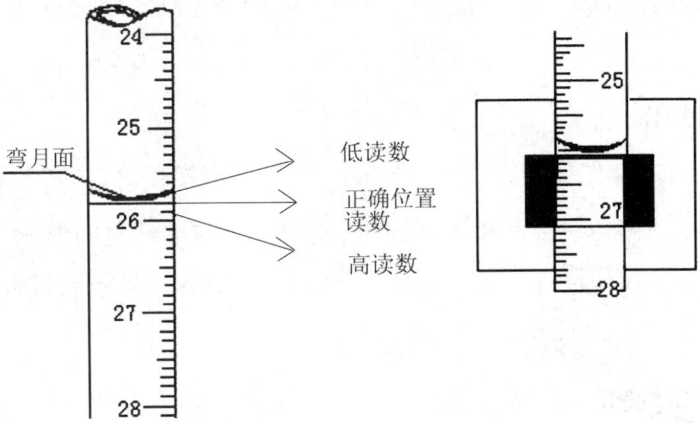

图 3-2-7 滴定管读数

(3)滴定操作。

熟练操作滴定管是保证滴定精度最基本的要求。将滴定管里溶液滴加到锥形瓶中的过程称为滴定,滴定管盛装的溶液又称为滴定剂。滴定时,酸式滴定管手握的姿势如图 3-2-8(a)所示,碱式滴定管手握的姿势如图 3-2-8(b)所示。

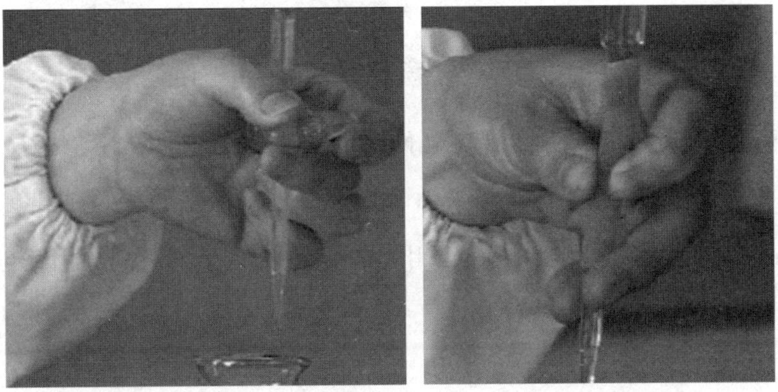

(a)酸式滴定管手握姿势 (b)碱式滴定管手握姿势

图 3-2-8 酸式滴定管、碱式滴定管操作手势

①酸式滴定管操作。

滴定操作是左手握持滴定管的活塞,右手摇动锥形瓶。使用酸式滴定管的操作如图 3-2-8(a)所示:左手的大拇指从滴定管内侧,放在活塞上中部;食指和中指从滴定管外侧,放在活塞下面两端;手腕向外略弯曲(以防手心碰到活塞尾部而使活塞松动漏液),以控制活塞。滴定时转动活塞,控制溶液的流出速度。

酸式滴定管操作:涂油→试漏→洗涤→润洗→装溶液→赶气泡→调“0”→滴定→读数→记录。

②碱式滴定管操作。

使用碱式滴定管的操作如图 3-2-8(b)所示,左手的拇指在前,食指在后,捏住胶管中玻璃珠的一侧(建议在外侧),在中间稍上处捏挤,使胶管与玻璃珠之间形成一条缝隙,溶液即可流出。但注意不能捏挤玻璃珠下方的胶管,否则松开手指后,有空气从管尖进入形成气泡,导致误差。通过控制捏挤缝隙的大小控制滴定速度。

碱式滴定管操作:试漏→洗涤→润洗→装溶液→赶气泡→调“0”→滴定→读数→记录。

注意事项

1.滴定速度应遵循 12 字原则:点滴成线、逐滴加入、半滴挂靠。读数前,活塞应关至水平,管尖无液珠悬挂,手中滴定管呈自然垂直状态。

2.滴定前,管尖液珠应靠出(如用洁净小烧杯内壁接入),滴定结束,管尖液珠应靠入锥形瓶。

活动 3 滴定终点练习

1.以甲基橙为指示剂,用 HCl 溶液滴定 NaOH 溶液

由碱式滴定管放出 20~25 mL(读至 0.01 mL)NaOH 溶液于 250 mL 锥形瓶中,放出速度为每分钟 10 mL,加甲基橙指示剂 2~3 滴,用 HCl 溶液滴定至溶液刚好由黄色转变为橙色,并保持 30 s 内不褪色即为终点。平行滴定三次,要求测定的相对极差在 0.2%以内。数据记录见表 3-2-1。

表 3-2-1 HCl 溶液滴定 NaOH 溶液数据记录表

样品编号	1#	2#	3#
NaOH 溶液体积,mL			
消耗 HCl 溶液体积,mL			
NaOH 溶液/HCl 溶液体积比			
平均体积比			
极差			
相对极差,%			

2.以酚酞为指示剂，用 NaOH 溶液滴定 HCl 溶液

由酸式滴定管放出 20~25 mL(读至 0.01 mL)HCl 溶液于 250 mL 锥形瓶中，放出速度为每分钟 10 mL，加酚酞指示剂 2~3 滴，用 NaOH 溶液滴定至呈微红色，并保持 30 s 内不褪色，即为终点。平行滴定三次，要求测定的相对极差在 0.2%以内。数据记录见表 3-2-2。

表 3-2-2 NaOH 溶液滴定 HCl 溶液数据记录表

样品编号	1#	2#	3#
HCl 溶液体积，mL			
消耗 NaOH 溶液体积，mL			
HCl 溶液/NaOH 溶液体积比			
平均体积比			
极差			
相对极差，%			

注意事项

仔细观察滴定剂落点周围的颜色变化，并注意颜色的变化快慢，快到终点时，滴定速度一定要慢，注意半滴靠入。

想一想

1.滴定分析操作中出现下列情况，其中哪些因素会导致系统误差？

(1)砝码被腐蚀。

(2)称量时样品吸收了少量水分。

(3)读取滴定管读数时，最后一位数字估测不准。

(4)称量过程中，天平零点稍有变动。

(5)试剂中含有少量待测组分。

(6)在称量分析中待测组分沉淀不完全。

2.测定过程中出现下列情况，其中哪些因素会导致偶然误差？

(1)滴定管的读数读错。

(2)砝码未经校正。

(3)几次读取滴定管的数据不能取得一致。

(4)试剂在称量时吸潮了。

任务三 移液管的使用与操作

任务目标

1.掌握移液管的规格、用途和使用方法。

2.学习移液管的操作方法和使用注意事项。

任务分析

1.明确任务流程

认识移液管 ⇒ 选择移液管 ⇒ 移液前准备 ⇒ 移液操作

2.任务难点分析

移液管的操作方法和使用注意事项。

3.任务前准备

仪器:移液管、锥形瓶、常用玻璃仪器等。

试剂:纯水、铬酸洗液等。

相关知识

有效数字及运算规则

一、有效数字

1.有效数字的意义

定量分析测定任一组分都需要经过一系列的实验过程,最后通过计算得出分析结果。这不仅需要准确测定，而且还需要正确记录和计算。实际上，要求记录的数字不但能够表示数量的大小，还要正确地反映出测定时的准确程度。所以，在记录实验数据和计算分析结果时应当注意数字处理问题。

有效数字是指在分析工作中实际能测量到的数字。在有效数字中只有最末一位数字是可疑的，可能有±1 单位的误差。

现将定量分析中经常遇到的各类数据，举例如下表 3-3-1。

表 3-3-1 定量分析中各类数据

名称	数据	有效位数
试样的质量	0.6050 g	四位(用分析天平称量)
	12.8 g	三位(用托盘天平称量)
天平的零点	0.0032 g	两位
溶液的体积	25.36 mL	四位(用滴定管量取)
	25.00 mL	四位(用移液管移取)
	25 mL	两位(用量筒量取)
溶液的浓度	0.1000 mol·L^{-1}	四位(标准溶液)
	0.1 mol·L^{-1}	一位(一般溶液)
相对极差	0.25%	两位
pH	4.30	两位

2.有效数字中“0”的意义

数字“0”在数据中具有双重意义。

(1)数字之间的“0”和小数上末尾的“0”都是有效数字。

(2)数字前面的“0”只起定位作用，不是有效数字。

(3)对于滴定管、移液管和吸量管，小数点后应保留 2 位数字。

(4)当用 250 mL 容量瓶配制溶液时，应记录为 250.0 mL；当用 50 mL 容量瓶配制溶液时，应记录为 50.00 mL。

特殊情况：

(1)分析化学中还经常遇到 pH、lg$K$ 等对数值，其有效数字位数仅取决于小数部分的数字位数。如 pH=4.30 是两位有效数字，而不是三位。

(2)对于计算公式中含有的自然数，如测定次数 n=7，化学反应计量系数 2、3 等都不是测量所得，可视为无穷多位有效数字。

二、有效数字修约规则

修约有效数字时，应按中华人民共和国标准 GB/T 8170—2008 进行。通常称之为“四舍六入五留双”法则。此规则含意是：

(1)被修约的数字小于或等于 4 时，舍去该数字。

(2)被修约的数字等于或大于 6 时则进位。

(3)被修约的数字为 5 时，若 5 后有不全为零的数就进位；若 5 后无数或全为零时，则看 5 的前一位，若前一位为奇数就进位，若为偶数就舍去。

注意事项

修约数据时，只能对原始数据一次修约到所需要的位数，不能逐级修约。

【例 1】指出下列数据各包含几位有效数字。

6.023×10^{23}	→ 4	0.0767	→ 3
0.05080	→ 4	96.6500	→ 6
0.001	→ 1	pH=11.3	→ 1
45.60%	→ 4	$Ka=1.75\times10^{-5}$	→ 3

【例 2】将下列数据修约至小数点后保留一位。

35.64 → 35.6　　4.675 → 4.7　　28.4741 → 28.5

3.450 → 3.4　　10.053 → 10.1　　2.050 → 2.0

3.54546 → 3.5

错误的方法　3.5454 → 3.546 → 3.55 → 3.6

三、有效数字运算规则

将各个数据进行修约后，应按下述规则进行计算。

1.加减法

几个数据相加或相减时，它们的和或差的有效数字位数的保留，应以小数点后位数最少的数据为准，即以绝对误差最大的为准。

2.乘除法

几个数据相乘或相除时，它们的积或商的有效数字位数的保留，应以有效数字位数最少的数据为准，即以相对误差最大的为准。

任务实施

活动 1 认识移液管

移液管是用来准确移取一定体积液体的玻璃量器，分为分度移液管即吸量管[如图 3-3-1(a)所示]和单标线移液管[如图 3-3-1(b)所示]。当准确移取较大体积溶液时，如移取 10.00 mL、25.00 mL、50.00 mL、100.00 mL 溶液时，要选用单标线移液管；当准确移取较小体积或非整数体积的溶液时，应选用吸量管。

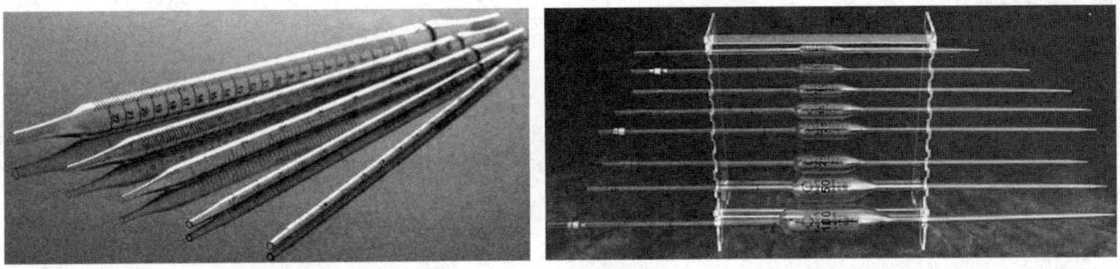

(a)分度移液管　　(b)单标线移液管

图 3-3-1 移液管的类型

活动 2 移液管的使用与操作

1.移液管的知识

(1)吸量管的有关术语和技术要求。

在滴定分析中所使用的吸量管必须符合 GB/T 12807-1991 规定。

吸量管有量出式和量入式两种，容量单位为立方厘米(cm^3)或毫升(mL)，标准温度 20 ℃。

(2)移液管的有关术语和技术要求。

在滴定分析中所使用的移液管(单标线移液管)必须符合 GB/T 12808-2015 规定。

移液管(单标线移液管)是量出式计量玻璃仪器。容量单位为立方厘米(cm^3)或毫升(mL)，标准温度 20 ℃。移液管的标志见图 3-3-2。

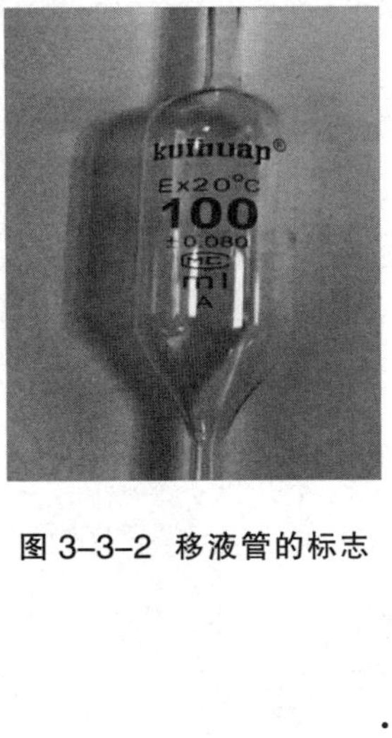

图 3-3-2 移液管的标志

(3)移液管的用途。

移液管用于准确移取一定体积的液体。

2.移液管的使用与操作

(1)移液管的选择。

根据所移溶液的体积和要求选择合适规格的移液管使用，在滴定分析中准确移取溶液一般使用移液管,移取一般试液时使用吸量管。

(2)移液前的操作。

检查移液管的管口和尖嘴有无破损,若有破损则不能使用。

①洗净移液管。

一般先用自来水冲洗,当冲洗不干净时再使用铬酸洗液洗涤,将移液管插入洗液中,用洗耳球吸取洗液至管容积的 1/3 处,食指按住管口,取出,放平旋转,让洗液布满全管,停放 1~2 min,从下管口将铬酸洗液放回原瓶。用洗液洗涤后,沥尽洗液,用自来水充分冲洗,再用蒸馏水洗涤 3 次。洗涤操作如图 3-3-3(a)所示。

②润洗。

用少量待移溶液润洗移液管内壁 2~3 次,以保证被转移溶液的浓度不变。润洗操作如图 3-3-3(b)所示。

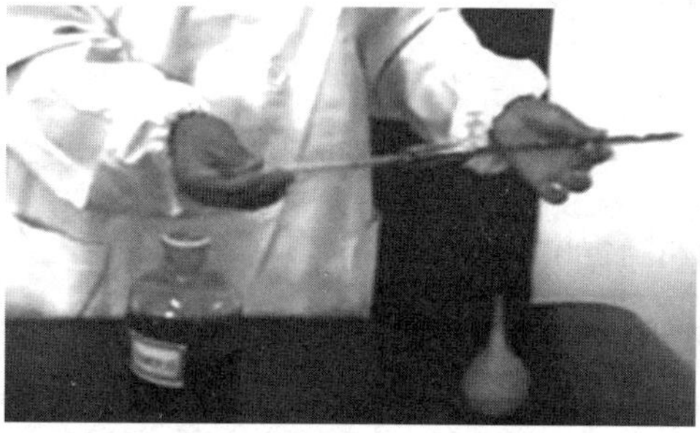
(a)移液管的洗涤

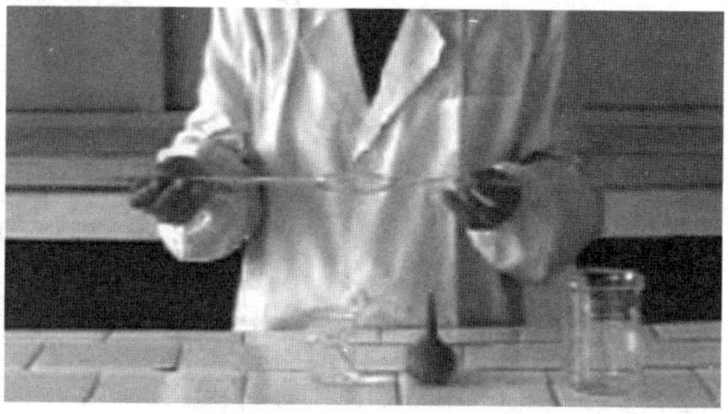
(b)移液管的润洗

图 3-3-3 移液管的洗涤、润洗

③吸取溶液。

使用移液管吸液时,将移液管尖插入液面下 1~2 cm。左手拿洗耳球,先把球中的空气挤出,然后将球的尖嘴端接在移液管的管口上,慢慢松开洗耳球使液体吸入管内,当液面升到标线以上时,移去洗耳球,立即用右手的食指按住管口,如图 3-3-4(a)所示。

④调节液面。

将移液管的下管口提出液面,用滤纸擦去管外溶液,然后将移液管的下端靠在一洁净小烧杯的内壁上,稍稍放松食指,同时用拇指和中指轻轻捻转管身,使液面下降,直到液体的弯月面与标线相切，立即按紧食指，使溶液不再流出，如图 3-3-4(b)所示。

⑤放出溶液。

放出溶液时要将锥形瓶倾斜，移液管保持垂直，管尖紧靠锥形瓶内壁，松开食指，使液体自然地沿容器壁流下，如图 3-3-4(c)所示。待液面下降到管尖后，停留 15 s 然后左右旋转提出移液管，放出液体的体积即为所要移取的体积。

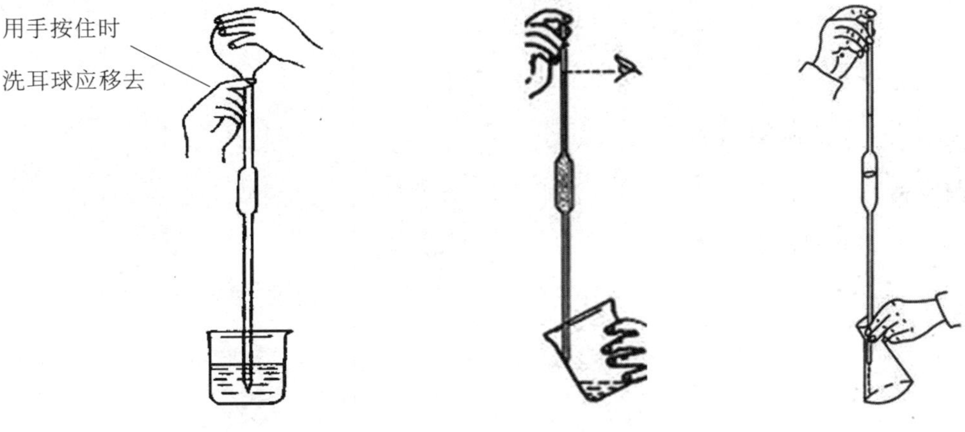

(a)吸取溶液　(b)调节液面　(c)放出溶液

图 3-3-4 移液管的操作

注意事项

1.移液管不可烘干或加热。

2.同一实验中移取相同溶液应使用同一移液管。

3.吸取溶液后，用滤纸擦干下管口外壁，调节好液面后，不可再用滤纸擦下管口外壁，以免管尖出现气泡。

任务四 容量瓶的使用与操作

任务目标

1.掌握容量瓶的规格、用途和使用方法。

2.学习容量瓶的操作方法和使用注意事项。

任务分析

1.明确任务流程

认识容量瓶 ⇒ 选择容量瓶 ⇒ 配制前准备 ⇒ 配制操作

2.任务难点分析

容量瓶的操作方法和使用注意事项。

3.任务前准备

仪器:容量瓶、常用玻璃仪器等。

试剂:纯水、铬酸洗液等。

相关知识

滴定分析概述

一、滴定分析中的基本术语

(1)标准溶液。用标准溶液标定或直接配制的已知准确浓度的溶液。

(2)滴定。将标准滴定剂通过滴定管滴加到试样溶液中的过程。

(3)化学计量点。滴定过程中,当待测组分与加入的滴定剂定量反应完全时,称反应达到了化学计量点。

(4)指示剂。在滴定分析中,在化学计量点前后颜色明显变化,用来指示滴定终点的试剂。

(5)滴定终点。利用指示剂颜色发生明显变化来确定滴定反应进行完全而停止滴定,停止滴定的这一点称为滴定终点。

(6)终点误差。因滴定终点和化学计量点不完全符合而引起的分析误差。

二、滴定分析方法的分类

根据滴定分析反应类型的不同,可将其分为:

(1)酸碱滴定法。利用酸、碱之间质子传递反应进行的滴定分析方法叫酸碱滴定法,测各类酸碱的酸碱度和酸碱的含量。

(2)氧化还原滴定法。利用氧化还原反应进行滴定的分析方法叫氧化还原滴定法,测具有氧化还原性的物质。

(3)配位滴定法。利用配合物的形成及离解反应进行的滴定分析方法叫配位滴定法,测金属离子的含量。

(4)沉淀滴定法。利用沉淀的产生或消失进行的滴定分析方法叫沉淀滴定法,测卤素离子和银离子的含量。

上述各种方法都有其优点和局限性,同一物质有可能用几种方法进行测定。因此在选择分析方法时,应根据待测组分的性质、含量以及试样的组成和对分析结果准确度的要求等选用适当的测定方法。

三、滴定分析对化学反应的要求

滴定分析是化学分析中主要的分析方法之一,它适用于组分含量在 1%以上的物质的测定。化学反应很多,但只有符合下列条件的反应才能适用滴定分析。

(1)反应要完全(完全程度>99.9%),且是按一定的化学计量关系进行,这是定量计算的基础。

(2)反应速率要快,对于反应速率较慢的反应,可通过加热或加入催化剂等措施来加快反应速率。

(3)有适当的方法确定终点,以减小滴定终点与化学计量点不一致引起的滴定误差。

(4)反应不应受其他杂质的干扰,以达到分析结果的准确度。

四、滴定分析常用的方式

(1)直接滴定法。

(2)返滴定法。

(3)置换滴定法。

(4)间接滴定法。

任务实施

活动 1 认识容量瓶

在滴定分析中，用直接法配制标准溶液时，需要准确地确定所配溶液的体积，这时，应使用容量瓶；在处理某些试样时，也常常需要制备成确定体积的溶液后再进行测定，这时也要使用容量瓶。

容量瓶有无色和棕色两类，规格有(单位：mL)10、25、50、100、250、500、1 000、2 000。容量瓶的类型如图 3-4-1 所示。

图 3-4-1 容量瓶的类型

活动 2 容量瓶的使用与操作

1.容量瓶的知识

(1)容量瓶的有关术语和技术要求。

在滴定分析中所使用的容量瓶必须符合 GB/T 12806—2011 规定。

容量瓶是量入式计量玻璃仪器。容量单位为立方厘米(cm^3)或毫升(mL)，标准温度 20 ℃。

(2)容量瓶的用途。

容量瓶是一种细长有精确体积刻度线的具塞玻璃容器，在滴定分析中用于准确确定溶液的体积，如用直接法配制一定体积准确浓度的标准溶液和准确稀释某一浓度的溶液。容量瓶的标志如图 3-4-2 所示。

图 3-4-2 容量瓶的标志

2.容量瓶的使用与操作

(1)容量瓶选择。

根据配制溶液的体积选择合适规格的容量瓶，另外应注意该溶液的光稳定性，对见光易分解的物质应选择棕色容量瓶，一般性的物质则选择无色容量瓶。

(2)容量瓶的操作。

①洗净容量瓶。

容量瓶首先用自来水洗涤，然后用铬酸洗液或其他专用洗涤液洗涤，并用自来水冲洗，再用蒸馏水洗涤 2~3 次。

②试漏。

注入水至标线附近盖好瓶塞，用滤纸擦干瓶口和盖。右手食指按住瓶塞，其余手指拿住瓶颈标线以上部分，左手指尖托住瓶底边缘，将瓶倒置不少于 10 s，如图 3−4−3 所示。倒置次数不少于 10 次。观察有无水渗漏(用滤纸一角在瓶塞和瓶口的缝隙处擦拭，查看滤纸是否潮湿)，如不漏水即可使用。

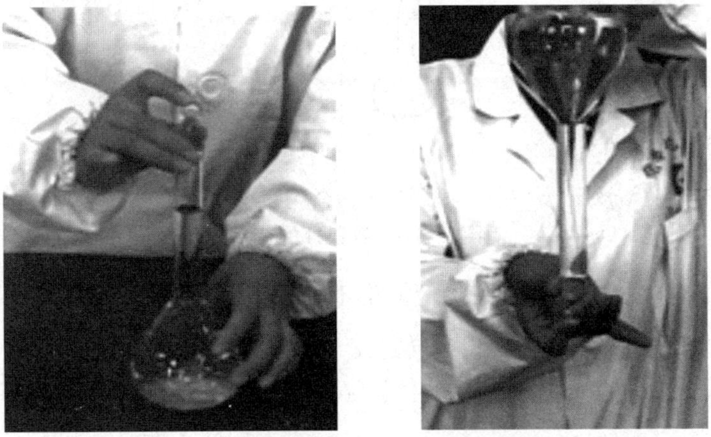

图 3−4−3 容量瓶的试漏

③配制溶液。

溶质为固体时：

A.溶解样品。将准确称取的固体物质置于小烧杯中，加水(或其他溶剂)用玻璃棒搅拌溶解至完全。必要时可加热溶解。

B.转移溶液。

a.将盛放溶液的烧杯移近容量瓶口，拿起玻璃棒(注意，玻璃棒不得拿出随便放置，以免玻璃棒上的溶液损失及吸附杂质带入溶液)，将玻璃棒下端在烧杯内壁轻轻靠一下后插入容量瓶中，并使玻璃棒下端和瓶颈内壁相接触(注意，玻璃棒不能和瓶口接触)，再将烧杯嘴紧靠玻璃棒中下部。逐渐倾斜烧杯，缓缓使溶液沿玻璃棒和容量瓶瓶颈内壁全部流入瓶内。如图 3−4−4(a)所示。流完后，将烧杯嘴贴紧玻璃棒稍向上提，同时将烧杯慢慢直立，烧杯嘴稍高于玻璃棒,基本保持在原位置,并将玻璃棒提起(此时玻璃棒要保持在容量瓶瓶口上方)放回烧杯中,防止玻璃棒下端的溶液落至瓶外。

b.用洗瓶小心冲洗玻璃棒和烧杯内壁 3~5 次(每次 5~10 mL),按上法转移入容量瓶中,然后加水(或其他溶剂)稀释至总容积的 3/4 时,如图 3-4-4(b)所示。将容量瓶拿起,按水平方向旋转摇动几周(注意不要加塞),使溶液初步混合,继续加水至距离标线下少许,放置 1~2 min。

C.定容。保持容量瓶垂直,使刻度线和视线保持水平,用细长滴管滴加蒸馏水(注意,勿使滴管接触溶液)至弯月面下缘与标线相切。如图 3-4-4(c)所示。

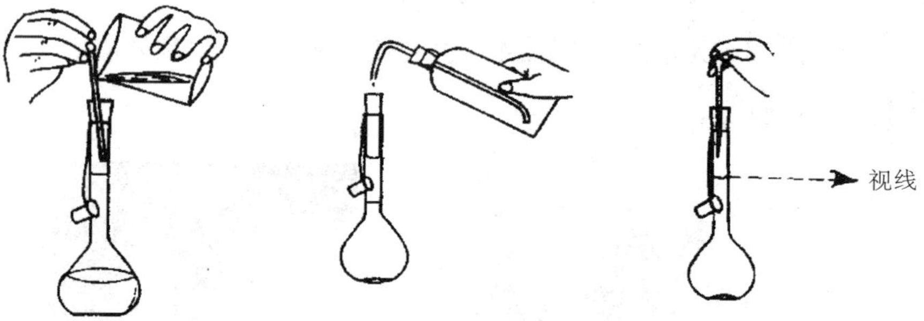

(a)转移溶液　　(b)加水稀释　　(c)定容

图 3-4-4 容量瓶的使用

D.摇匀。盖上瓶塞,用左手食指按住瓶塞,右手指尖托住瓶底边缘(手心不要接触瓶底),将容量瓶倒置,待气泡全部上移后,再倒转过来。如此反复 10 次左右,使溶液充分混匀,放正容量瓶,将瓶塞稍提起,让瓶塞周围的溶液流下,重新盖好,再倒转振荡 3~5 次使溶液全部混匀。如图 3-4-5 所示。

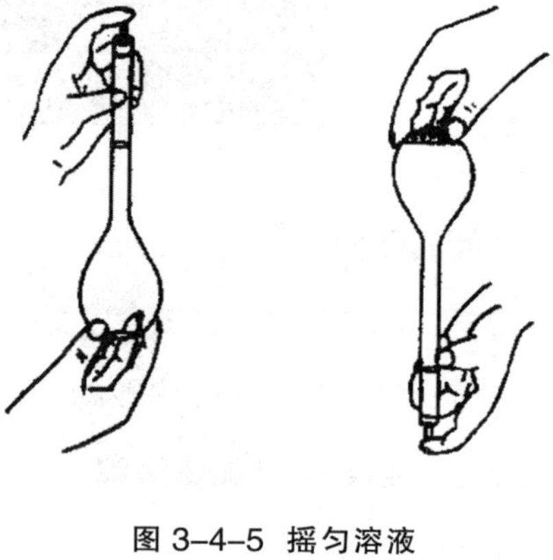

图 3-4-5 摇匀溶液

溶质为液体时用移液管移取所需体积的溶液放入容量瓶,按上述方法稀释、定容、摇匀。

注意事项

1.容量瓶不能用于加热溶液。

2.容量瓶不得放在烘箱中烘烤。

3.热溶液应冷至室温后再移入容量瓶,稀释至标线。

4.稀释过程中放热的溶液应在稀释至总容量的3/4时摇匀，并待冷至室温后，再继续稀释至刻度。

5.容量瓶不能长久贮存溶液做试剂瓶用。

6.使用后的容量瓶应立即冲洗干净。闲置不用时，可在瓶口处垫一小纸条以防黏结。

拓展提高

溶液浓度调整和量具体积校准

一、溶液浓度的调整

在实验工作中为了计算方便，有时可能需使用某一指定浓度的标准溶液，例如 $c(HCl)=0.1000\ mol\cdot L^{-1}$ 的溶液，配制的浓度可能略高或略低于此浓度，怎么办？可加水或加较浓溶液进行调整。方法如下。

1.标定后浓度比指定浓度略高

此时可按下式加水稀释，并重新标定。

$$c_1V_1=c_2[V_1+V(H_2O)]$$

$$V(H_2O)=\frac{V_1(c_1-c_2)}{c_2}$$

式中 c_1——标定后的溶液的浓度，$mol\cdot L^{-1}$；

c_2——指定溶液的浓度，$mol\cdot L^{-1}$；

V_1——标定后的体积，mL；

$V(H_2O)$——稀释至指定浓度需加水的体积，mL。

2.标定后浓度比指定浓度略低

(1)溶质为液体物质时，可按下式补加较浓溶液进行调整，并重新标定。

$$c_1V_1+c_{浓}V_{浓}=c_2(V_1+V_{浓})$$

$$V_{浓}=\frac{V_1(c_2-c_1)}{c_{浓}-c_2}$$

式中 c_1——标定后溶液的浓度，$mol\cdot L^{-1}$；

c_2——指定溶液的浓度，$mol\cdot L^{-1}$；

$c_{浓}$——需加浓溶液的浓度，$mol\cdot L^{-1}$；

V_1——标定后溶液的体积，mL；

$V_{浓}$——需加浓溶液的体积，mL。

(2)溶质为固体物质时，可按下式补加固体物质进行调整，并重新标定。

$$m=(c_2-c_1)\cdot V_1\cdot M$$

式中 c_1——标定后溶液的浓度，$mol\cdot L^{-1}$；

c_2——指定溶液的浓度，$mol\cdot L^{-1}$；

V_1——标定后溶液的体积，mL；

M——需补加固体物质的摩尔质量，$g\cdot moL^{-1}$。

二、滴定分析玻璃容量器与溶液体积的校准

1.绝对校准法进行容积校准

滴定管、移液管和容量瓶是滴定分析用到的主要容量器。玻璃容量器的容积与其所标示的体积是否完全相符合？必要时，须对其进行校准。溶液体积也是温度的函数。如同质量的水，在 4 ℃时，体积最小。

玻璃容量器的刻度线是以 20 ℃为标准来刻绘的。使用时，温度不一定是 20 ℃，由于玻璃具有热胀冷缩的特性，在不同的温度下玻璃容量器的体积也有所不同，因此，玻璃容量器的容积会发生改变。所以，校准玻璃容量器时，必须规定一个共同的温度值，这规定的温度值称为标准温度，国际上规定玻璃容量器的标准温度为 20 ℃。即在校准时都将玻璃容量器的容积，校准到 20 ℃时的实际容积。滴定分析玻璃容量器，常用绝对校准法进行容积校准。

绝对校准法是测定玻璃容量器的实际容积。

具体方法是：先用分析天平称得玻璃容量器容纳或放出纯水的质量，然后根据水的密度，计算出该玻璃容量器在标准温度 20 ℃时的实际体积。计算公式如下：

$$V_{20}=\frac{m_t}{\rho_t}$$

式中 m_t—— t ℃时，在空气中，用砝码称得的玻璃容量器中装入的纯水的质量，g；

ρ_t——玻璃容量器中 1 mL 纯水在 t ℃，用黄铜砝码称得的质量(即水的密度 ρ)，$g\cdot mL^{-1}$；

V_{20}—— m_t 纯水在 20 ℃时的体积，mL。

不同温度下纯水的密度值见附录Ⅶ“不同温度下玻璃容器中 1 mL 纯水在空气中用黄铜

砝码称得的质量”。

2.容量瓶和移液管的相对校准

相对校准法是相对比较两容器所盛液体体积的比例关系。在实际的分析工作中，容量瓶和移液管常常配套使用，如经常将一定量的物质溶解后在容量瓶中定容，用移液管取出一部分进行定量分析。因此，重要的不是要知道所用容量瓶和移液管的绝对体积，而是容量瓶与移液管的容积比是否正确，如用 25 mL 移液管从 250 mL 容量瓶中移出溶液的体积是否是容量瓶体积的 1/10。一般只需要做容量瓶和移液管的相对校准。校准的方法是用 25 mL 移液管吸取蒸馏水，注入干燥的 250 mL 容量瓶中，如此进行 10 次，观察容量瓶中水的弯月面下缘是否与标线相切，若正好相切，说明移液管和容量瓶体积的比例为 1:10。若不相切，表示有误差。待容量瓶干燥后再校准一次，如果仍不相切，可在瓶颈上另做一标记，使用时以新标记为准。

在分析工作中，滴定管一般采用绝对校准法；对于配套使用的移液管和容量瓶，可采用相对校准法；用作取样的移液管，则必须采用绝对校准法。

移液管和容量瓶的配套使用如图 3–4–6 所示。

绝对校准法准确，但操作比较麻烦。相对校准法操作简单，但必须配套使用。

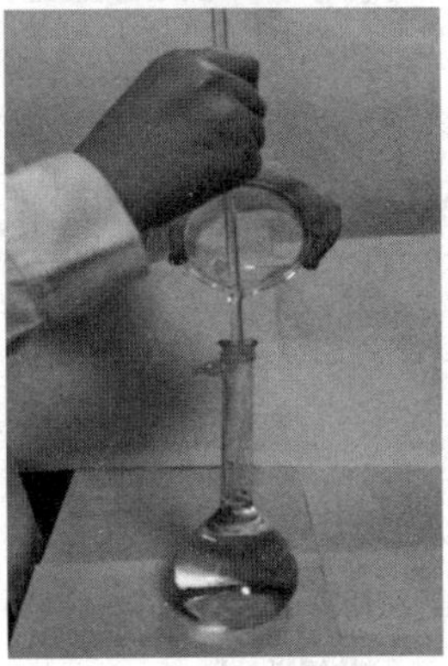

图 3–4–6 移液管和容量瓶的配套使用

项目评价

表 3–1 项目评价表

序号	考核内容	评分标准	分值	小组评价	教师评价
1	仪器准备（5 分）	正确选择仪器（规格、型号）	2 分		
		正确领用仪器（规格、型号）	1 分		
		仪器领用记录的填写正确	2 分		
2	溶液准备（10 分）	正确领用试剂（种类、纯度、数量）	2 分		
		试剂领用记录的填写正确	3 分		
		正确配制所需溶液	5 分		
3	称样操作（15 分）	检查天平是否水平，调零，天平内外洁净	5 分		
		物品放置、拿取物品、倾出试样符合要求，读数及记录正确，物品无撒落	5 分		
		天平门开与关正确，天平内外清洁，检查零点	5 分		

续表

序号	考核内容	评分标准	分值	小组评价	教师评价
4	容量瓶操作（15 分）	洗涤、试漏正确规范	5 分		
		试液冷却或转移操作规范，试液无溅出，烧杯洗涤规范，准确定容，3/4 处平摇或定容后摇匀操作正确	10 分		
5	移液管操作（15 分）	洗涤、润洗正确规范	5 分		
		吸液操作、放液操作正确规范	10 分		
6	滴定操作（30 分）	洗涤、试漏、润洗、装液操作、排空气、调零正确规范	15 分		
		滴定姿势、滴定速度、摇瓶操作、锥形瓶洗涤、半滴溶液的加入、终点判断、读数正确规范	15 分		
		洗涤仪器，台面整洁，仪器无破损	5 分		
7	分析结果（10 分）	数据记在规定的专用本上	5 分		
		计算过程及结果正确	5 分		
考核结果					

课后自测

一、判断题

(　)1.将数据 1.5456 修约为两位有效数字应是 1.5。

(　)2.偶然误差是随机产生的，影响分析结果的精密度。

(　)3.分析测定结果的偶然误差可通过适当增加平行测定次数来减免。

(　)4.精密度高，准确度就一定高。

(　)5.使用滴定管进行操作，洗涤、试漏后，装入溶液即可进行滴定。

(　)6.pH=3.05 的有效数字是三位。

(　)7.滴定分析中常用的标准溶液，一般选用分析纯试剂配制，再用基准试剂标定。

(　)8.滴定管、容量瓶、移液管在使用之前都需要用试剂溶液进行润洗。

(　)9.滴定管内壁不能用去污粉清洗，以免划伤内壁，影响体积的准确测量。

(　)10.滴定管中装入溶液或放出溶液后即可读数，并应使滴定管保持垂直状态。

(　)11.做空白实验，可以减少滴定分析中的偶然误差。

(　)12.准确度表示分析结果与真实值接近的程度。它们之间的差别越大，则准确度越高。

(　)13.一般用移液管移取液体试剂或溶液。

(　)14.系统误差是不可以测定的,也是不可以校正的。

(　)15.在分析数据中,所有的“0”均为有效数字。

二、选择题

1.下面数据中有效数字是四位的是(　)。

A.0.052　B.0.0234　C.10.030　D.40.20%

2.pH=10.20,有效数字的位数是(　)。

A.四位　B.三位　C.两位　D.不确定

3.pH=5.26 中的有效数字是(　)位。

A.0　B.2　C.3　D.4

4.用 15 mL 的移液管移出的溶液体积应记为(　)。

A.15 mL　B.15.0 mL　C.15.00 mL　D.15.000 mL

5.1.34×10^{-3} %有效数字是(　)位。

A.6　B.5　C.3　D.8

6.下列数字中,有三位有效数字的是(　)。

A.pH 值为 4.30　B.滴定管内溶液消耗体积为 5.40 mL

C.分析天平称量 5.3200 g　D.托盘天平称量 0.50 g

7.下列数值中,(　)含有四位有效数字。

A.0.1902　B.10.048　C.10.320　D.0.0001

8.配制一般溶液用(　)来量取溶液体积即可。

A.容量瓶　B.移液管　C.量筒或量杯　D.滴定管

9.把所给的数字修约为两位有效数字,(　)是错误的。

A.1.25→1.3　B.1.35→1.4　C.1.454→1.5　D.1.7456→1.7

10.在有效数字的运算规则中,几个数据相乘除时,它们的积或商的有效数字位数的保留应以(　)。

A.小数点后位数最少的数据为准　B.有效数字位数最少的数据为准

C.绝对误差最大的数据为准　D.计算器上显示的数据为准

11.用容量瓶配制标准溶液,操作不当的是(　　)。

A.在烧杯中先溶解后,再用容量瓶定容　　B.热溶液冷至室温后定容

C.定容后溶液就算配好　　D.需避光的溶液用棕色容量瓶配制

12.下列容量瓶的使用不正确的是(　　)。

A.使用前检查是否漏水　　B.瓶塞与瓶配套使用

C.使用前在烘箱中烘干　　D.容量瓶不代替试剂瓶使用

13.下面有关移液管的洗涤使用正确的是(　　)。

A.用自来水洗净后即可移液　　B.用蒸馏水洗净后即可移液

C.用洗涤剂洗后即可移液　　D.用移取液润洗干净后即可移液

14.下面移液管的使用正确的是(　　)。

A.一般不必吹出残留液　　B.用蒸馏水洗净后即可移液

C.用后洗净,加热烘干即可使用　　D.移液管只能粗略地量取一定量液体体积

15.滴定分析用的标准溶液是(　　)。

A.确定了浓度的溶液　　B.用基准试剂配制的溶液

C.用于滴定分析的溶液　　D.确定了准确浓度,用于滴定分析的溶液

16.用于直接法制备标准溶液的试剂是(　　)。

A.专用试剂　　B.基准试剂　　C.分析纯试剂　　D.化学纯试剂

17.在称量样品时试样会吸收微量水分,这属于(　　)。

A.系统误差　　B.随机误差　　C.过失误差　　D.没有误差

18.读取滴定管读数时,最后一位估计不准,这是(　　)。

A.系统误差　　B.随机误差　　C.过失误差　　D.没有误差

19.对样品进行多次平行测定,得到平均值,其中某个测定值与平均值之差为该次测定的(　　)。

A.绝对误差　　B.相对误差　　C.绝对偏差　　D.相对偏差

20.滴定管在记录读数时,小数点后应保留(　　)位。

A.1　　B.2　　C.3　　D.4

三、简答题

1.什么是系统误差?什么是随机误差?它们是怎样产生的?如何避免?

2.什么是有效数字？有效数字的修约规则如何？

3.基准物质应具备哪些条件？

4.什么叫标准溶液、化学计量点、滴定终点、终点误差？

5.滴定分析对化学反应有哪些要求？

6.常用的滴定方式有哪些？

四、计算题

1.下列数据中各有几位有效数字？

①2.03080 ②0.003520 ③0.020430 ④$2.64\times10^{-7}$ ⑤11.02%

⑥pH=4.12 ⑦1 000 ⑧1 000.00 ⑨0.0003% ⑩$K_b=1.80\times10^{-5}$

2.将下列数据按所示的有效数字位数进行修约。

①3.2565 修约成 4 位有效数字 ②1.5368 修约成 4 位有效数字

③1.21554 修约成 3 位有效数字 ④0.3165 修约成 3 位有效数字

⑤4.05 修约成 2 位有效数字 ⑥9.0517 修约成 2 位有效数字

3.标定盐酸溶液，分析结果为 0.1406、0.1408、0.1404、0.1402。计算分析结果的平均值、平均偏差和相对平均偏差、极差和相对极差。

4.(1+3)HCl 溶液，相当于物质的量浓度 c(HCl)为多少？

5.用浓 H_2SO_4[ρ=1.84 g·mL^{-1}，$\omega(H_2SO_4)$=96%]配制 $\omega(H_2SO_4)$=20% 的 H_2SO_4 溶液(ρ=1.14 g·mL^{-1})1 000 mL，如何配制？

项目四 工业硫酸含量的测定

项目导入

硫酸是重要的化工产品，广泛应用于化工、轻工、制药及国防科研等部门中。同时，硫酸又是基本工业原料，在国民经济中占有重要地位。

硫酸(H_2SO_4)是三大无机强酸(硫酸、硝酸、盐酸)之一，是一种无色无味油状液体。常用的浓硫酸的质量分数为98.3%，密度为1.84 $g·cm^{-3}$，物质的量浓度为18.4 $mol·L^{-1}$。纯硫酸是一种无色透明的油状黏稠液体，比水几乎重一倍。它的纯度常用硫酸的质量分数 $\omega(H_2SO_4)$表示。

硫酸具有非常强的腐蚀性。使用、贮存、运输都要注意安全。

工业硫酸纯度常用酸碱滴定法测定，酸碱滴定法——以酸碱反应为基础的滴定分析方法。酸碱滴定法的反应实质是：

$$H^+ + OH^- = H_2O$$

在酸碱滴定方法中，常用的标准滴定溶液(滴定剂)有强酸溶液，如HCl、H_2SO_4；有强碱溶液，如NaOH、KOH等。工业硫酸纯度常用NaOH标准滴定溶液进行直接测定。

任务一 认识及配制常用酸碱指示剂

任务目标

1.认识酸碱指示剂。

2.了解酸碱指示剂的变色原理和变色范围。

3.能正确熟练配制和选择合适的酸碱指示剂。

任务分析

1.明确任务流程

认识酸碱指示剂 ⇒ 配制酸碱指示剂 ⇒ 选择酸碱指示剂

2.任务难点分析

能正确配制常用酸碱指示剂；能正确选择酸碱指示剂。

3.任务前准备

仪器：托盘天平、量筒、烧杯、滴瓶、玻璃棒等。

试剂：酚酞（PP）指示剂乙醇溶液、甲基橙（MO）指示剂。

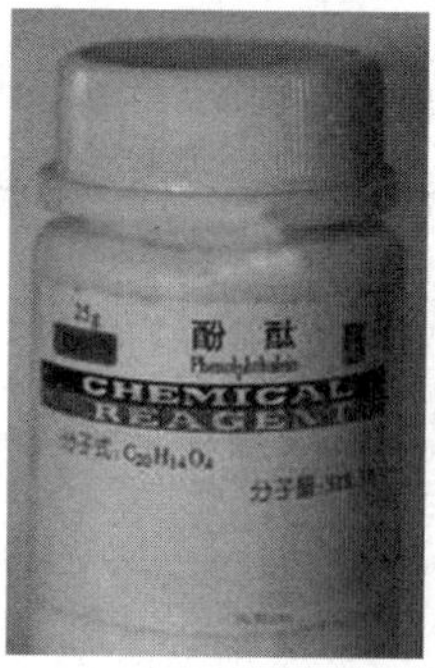

图 4-1-1 酚酞固体

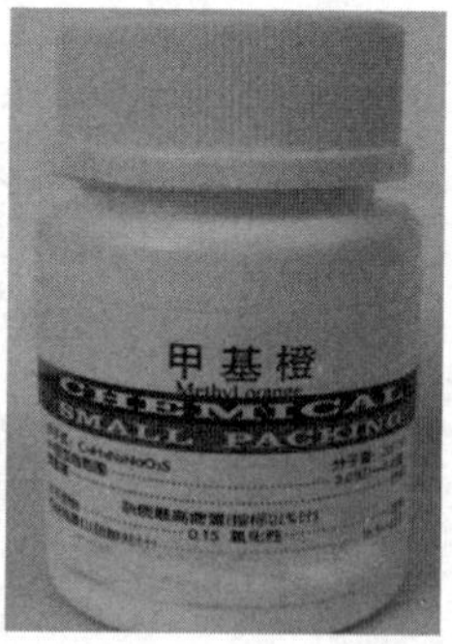

图 4-1-2 甲基橙固体

相关知识

酸碱指示剂

为确定化学计量点,常在锥形瓶的溶液中,加入少量的能在化学计量点附近发生颜色变化的试剂。并把指示剂颜色发生变化的这一点称为滴定终点。用酸碱滴定法测定物质含量时,滴定过程中发生的化学反应外观上是没有变化的,通常需要利用酸碱指示剂颜色的改变来指示滴定终点的到达。

酸碱滴定所用的指示剂又称为酸碱指示剂,常用的酸碱指示剂有酚酞、甲基橙等。

一、指示剂的变色原理

酸碱指示剂一般是弱的有机酸或有机碱,它们在溶液中或多或少地离解成离子。由于分子和离子具有不同的结构,因而在溶液中呈现不同的颜色。

例如,酚酞是一种有机弱酸,它的酸式 HIn 和共轭碱式 In^-在溶液中存在如下离解平衡。

$$\underset{\text{(无色分子)}}{HIn} \rightleftharpoons H^+ + \underset{\text{(红色离子)}}{In^-}$$

随着溶液中 H^+浓度的不断改变,上述离解平衡不断被破坏。当加入酸时,平衡向左移动,生成无色的酚酞分子,使溶液呈现无色。当加入碱时,碱中 OH^-与 H^+结合生成水,使 H^+的浓度减少,平衡向右移动,红色醌式结构的酚酞离子增多,使溶液呈现粉红色。

二、指示剂的变色范围

指示剂的变色范围:能明显地观察到指示剂颜色变化的 pH 范围,称为指示剂的变色范围。甲基橙在 pH<3.1 的溶液里呈红色,在 pH>4.4 的溶液里显黄色,我们把 pH3.1~4.4 这个区间称为指示剂变色范围。又如,酚酞指示剂,在 pH<8.2 的溶液里为无色,在 pH>10.0 的溶液里为红色,酚酞的变色范围为 8.2~10.0。常用的酸碱指示剂见附录Ⅲ。

三、混合指示剂

单一指示剂的变色范围都较宽,其中有些指示剂如甲基橙,其变色过程中有过渡色,不易辨别。而混合指示剂具有变色范围窄、变色明显等优点。

混合指示剂有两种配制方法:

(1)一种酸碱指示剂与另一种不随溶液中 H^+浓度变化而改变颜色的染料混合而成。

(2)用两种酸碱指示剂混合而成。常用的酸碱混合指示剂见附录Ⅲ。

任务实施

活动1 配制 1 g·L^{-1} 甲基橙(MO)指示剂溶液 100 mL

(1)计算:配制 1 g·L^{-1} 的甲基橙指示剂溶液 100 mL 需要甲基橙的质量,可根据下式计算。

$$m(\text{甲基橙}) = \rho \times V = 1 \times 0.1 = 0.1\ (\text{g})$$

(2)配制:在托盘天平上称取 0.1 g 甲基橙于一干净烧杯中,加水溶解,并稀释至 100 mL,搅匀,转移至试剂瓶中。

(3)标识(或贴标签)。

小贴士

1.甲基橙是一种常用的酸碱指示剂,适用于强酸与强碱、弱碱间的滴定。

2.甲基橙变色过程是 pH<3.1 时变红,pH 为 3.1~4.4 时呈橙色,pH>4.4 时变黄。

3.甲基橙吞食有毒,应避免其与皮肤和眼睛接触,发生事故或感觉不适时,应立即就医。

活动2 配制 10 g·L^{-1} 酚酞(PP)指示剂乙醇溶液 100 mL

(1)计算:配制 10 g·L^{-1} 的酚酞指示剂乙醇溶液 100 mL 需要酚酞的质量,可根据下式计算。

$$m(\text{酚酞}) = \rho \times V = 10 \times 0.1 = 1\ (\text{g})$$

(2)配制:在托盘天平上称取 1.0 g 酚酞于一干净烧杯中,加少量乙醇溶解,并稀释至 100 mL,搅匀,转移至试剂瓶中。

(3)标识(或贴标签)。

任务二 制备NaOH标准滴定溶液

任务目标

1.能正确配制氢氧化钠标准滴定溶液。

2.能用基准物质邻苯二甲酸氢钾标定氢氧化钠标准滴定溶液。

3.能正确记录和处理标定数据,并报告结果。

4.能熟练进行托盘天平、碱式滴定管的操作。

任务分析

1.明确任务流程

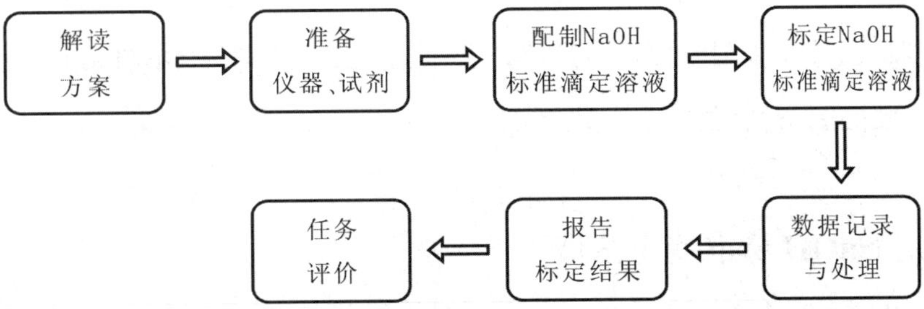

2.任务难点分析

掌握用基准物质邻苯二甲酸氢钾标定氢氧化钠标准滴定溶液的方法;熟练操作托盘天平、碱式滴定管。

3.任务前准备

仪器:托盘天平、称量瓶、碱式滴定管、锥形瓶、量筒、烧杯、玻璃棒、洗瓶等。

试剂:NaOH(AR)、邻苯二甲酸氢钾(基准物质)、10 $g \cdot L^{-1}$酚酞指示剂乙醇溶液。

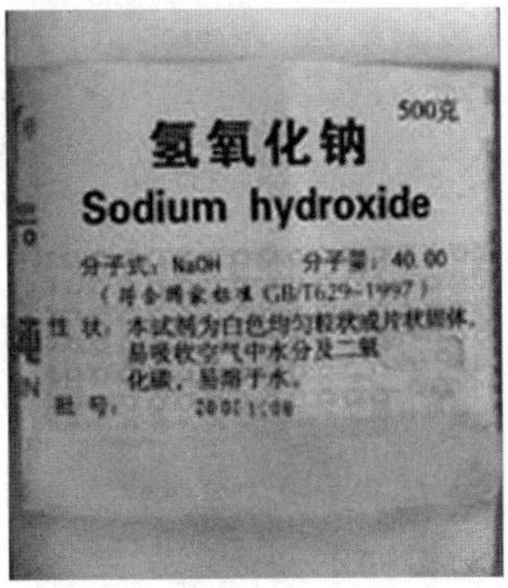

图 4-2-1 氢氧化钠

相关知识

标准滴定溶液的配制和标定

一、标准滴定溶液的配制

配制标准滴定溶液有直接法和标定法两种。

1.直接法

准确称取一定量的基准物质,溶解后定量稀释至一定体积即成。其浓度可根据基准物质的质量及溶液体积直接计算而得。

2.标定法(又叫间接法)

标定是确定标准滴定溶液准确浓度的操作。很多用来配制标准滴定溶液的物质不符合基准物质的条件,所以不能用直接法配制。例如 NaOH 试剂易吸收空气中的水和 CO_2,HCl 易挥发,$KMnO_4$ 易变质等。

标定法是将试剂按大致所需浓度配制成溶液,然后再用基准物质进行标定,以确定其准确浓度。多数标准滴定溶液标定后还需用另一种标准滴定溶液测其浓度,称之为“比较”。

标准滴定溶液的浓度准确与否直接影响分析结果的准确度。因此,配制标准滴定溶液在方法、使用仪器、量具和试剂方面都有严格的要求。一般按照国标 GB/T 601—2016《化学试剂标准滴定溶液的制备》制备标准滴定溶液。

二、标定 NaOH 标准滴定溶液

标定 NaOH 标准滴定溶液浓度，常用基准物质邻苯二甲酸氢钾（$KHC_8H_4O_4$），它与 NaOH 的反应为：

化学计量点时 pH 为 9.1,可用酚酞(变色范围 pH 为 8.2~10.0)做指示剂,锥形瓶里溶液由无色变为微粉红色为终点。邻苯二甲酸氢钾的优点是容易提纯,无吸湿性,性质稳定,摩尔质量较大。使用前在 105~110 ℃干燥 2 h。

任务实施

活动 1 配制 0.1 mol·L^{-1}NaOH 标准滴定溶液 500 mL

1.计算：配制 0.1 mol·L^{-1} 的 NaOH 标准滴定溶液 500 mL 需要氢氧化钠的质量，可根据下式计算。

$$m(\text{氢氧化钠}) = c \times V \times M = 0.1 \times 0.5 \times 40 = 2\ (\text{g})$$

2.配制：在托盘天平上称取 2.0 g 氢氧化钠于一干净烧杯中，加水溶解，并稀释至 500 mL，搅匀，转移至试剂瓶中。

3.标识（或贴标签）。

小贴士

1.制备不含 Na_2CO_3 的 NaOH 溶液最常用的方法，是将 NaOH 先配成饱和溶液（约 50%），$c(NaOH)$约为 20 mol·L^{-1}。在此浓碱溶液中，Na_2CO_3 几乎不溶解而慢慢沉淀下来，吸取上层清液，用无 CO_2 的蒸馏水稀释至所需浓度即可。国家标准 GB/T 601—2016 中采用此法。

2.若分析测定要求不高，可采用比较简便的方法配制：称取比需要量稍多的 NaOH，用少量水迅速清洗 2~3 次，除去固体表面形成的碳酸盐，然后溶解在无 CO_2 的蒸馏水中。

注意事项

NaOH 为苛性碱，具有腐蚀性，易潮解，称量要迅速，使用时注意对皮肤和眼睛的保护！

活动 2 标定 NaOH 标准滴定溶液

1.准确称取于 105~110 ℃灼烧至恒重的邻苯二甲酸氢钾 0.4~0.6 g 三份，分别置于三个 250 mL 锥形瓶中，溶于 50 mL 无 CO_2 的水中。

2.再加酚酞指示剂 2~3 滴。

3.用待标定的 NaOH 溶液滴定至溶液由无色变为微红色并持续 30 s 不褪色，即为终点。

4.记录消耗 NaOH 体积 V，平行测定三次，同时做空白实验。

5.计算待标定 NaOH 标准滴定溶液的浓度公式：

$$c(\mathrm{NaOH}) = \frac{m\times1000}{(V-V_0)\cdot M(\mathrm{KHC_8H_4O_4})}$$

式中：$c(\mathrm{NaOH})$——待标定 NaOH 标准滴定溶液的浓度，$\mathrm{mol\cdot L^{-1}}$；

V——实际消耗 NaOH 溶液的体积，mL；

V_0——空白实验消耗 NaOH 溶液的体积，mL；

m——称取基准物质 $\mathrm{KHC_8H_4O_4}$ 的质量，g；

$M(\mathrm{KHC_8H_4O_4})$——摩尔质量，204.22 $\mathrm{g\cdot mol^{-1}}$。

(a)准确称取邻苯二甲酸氢钾 (b)加酚酞指示剂滴定 (c)滴定前颜色(无色) (d)终点时颜色(微红色)

图 4-2-2 标定 NaOH 标准滴定溶液

小贴士

由试剂和器皿引入的系统误差，一般可做空白实验来加以校正。空白实验是指不加试样，但用与有试样时相同的操作进行的实验。空白实验所得结果的数值称为空白值。从试样的测定值中扣除空白值，就得到相对准确的测定结果。

活动 3 数据记录与处理

表 4-2-1 标定 NaOH 标准滴定溶液的原始记录与数据处理

名称＼编号	1#	2#	3#	空白
倾出前试样质量 m_1,g				
倾出后试样质量 m_2,g				

续表

名称 \ 编号	1#	2#	3#	空白
基准物质量 m,g				
消耗标准滴定溶液体积 V,mL				
标准滴定溶液浓度 c, $mol \cdot L^{-1}$				
平均浓度 $\bar{c}$, $mol \cdot L^{-1}$				
浓度计算公式				
极差				
相对极差,%				

想一想

1.标定 NaOH 标准滴定溶液时,基准物质的用量一般如何确定?说明理由?

2.NaOH 标准滴定溶液浓度大于或小于所需浓度,应如何调整?怎样计算需加水体积或需加固体 NaOH 的质量?

任务三 工业硫酸含量的测定

任务目标

1.能正确使用分析天平,准确测定硫酸含量。

2.学会液体样品的称量方法。

3.学会混合指示剂的配制,能正确使用混合指示剂判断终点。

4.学会液体样品含量的测定方法。

任务分析

1.明确任务流程

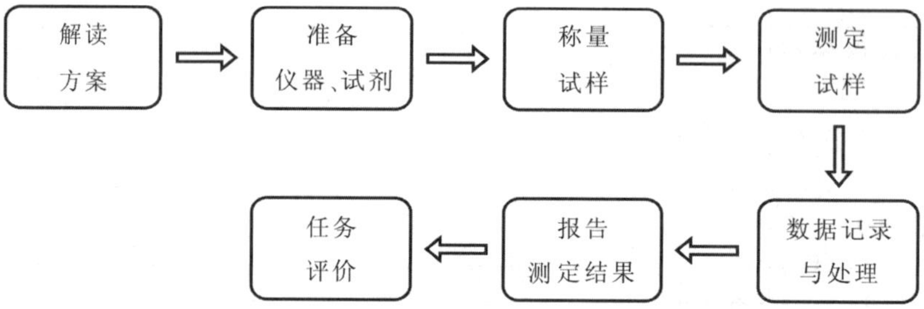

2.任务难点分析

液体样品的称量方法;判断终点;液体样品含量的测定方法。

3.任务前准备

仪器:容量瓶、分析天平、烧杯、胶帽滴瓶、碱式滴定管等。

试剂:0.1 $mol \cdot L^{-1}$ NaOH 标准滴定溶液、工业硫酸试样、甲基红-亚甲基蓝混合指示剂。

相关知识

硫酸测定基本原理

硫酸是强酸,可用 NaOH 标准滴定溶液滴定,其反应为

$$H_2SO_4 + 2NaOH \xlongequal{} Na_2SO_4 + 2H_2O$$

根据反应式可知,H_2SO_4 的基本单元为$\frac{1}{2}H_2SO_4$。此反应属于强碱滴定强酸类型,化学计量点时溶液的 pH=7,可选用甲基橙、甲基红等指示剂指示终点。

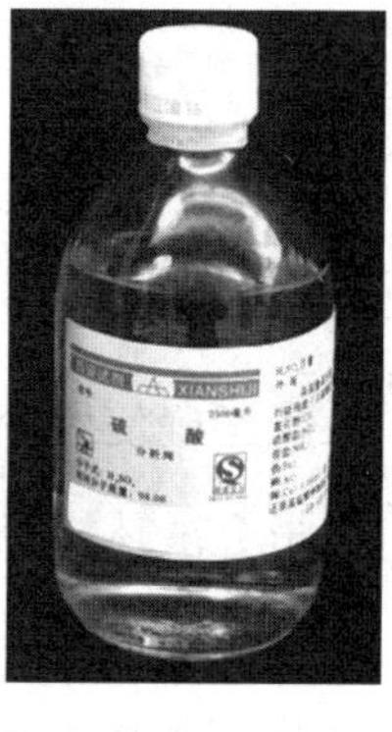

图 4-3-1 硫酸试样

国家标准 GB/T 534—2014 中规定使用甲基红-亚甲基蓝混合指示剂指示终点。

任务实施

活动 1 工业硫酸试样的制备

(1)将工业硫酸试样放在胶帽滴瓶中,准确称取其质量。

(2)用胶帽滴管快速滴出 20~30 滴样品(1.5~2.0 g),滴入事先装有 50 mL 蒸馏水的 250 mL 容量瓶中,再立即将滴管放置在滴瓶内(防止吸收水分),再准确称取其质量。

(3)摇动容量瓶并冷却至室温,用蒸馏水稀释至刻度,摇匀,备用。

注意事项

1.硫酸具有强腐蚀性,使用和称取试样时,严禁溅出。称量硫酸样品时要小心,检查胶帽是否已老化,防止硫酸洒落在天平、实验台、皮肤、衣服上。

2.容量瓶中一定要事先放入一定量的蒸馏水。

3.硫酸稀释时放出大量热,需冷却后再滴定或转移至容量瓶中稀释。

活动 2 测定工业硫酸试样的含量

(1)用移液管移取 25.00 mL 该试液于锥形瓶中,加甲基红-亚甲基蓝混合指示剂 2 滴。

(2)用 c=0.1 mol·L^{-1} 的 NaOH 标准滴定溶液滴至溶液由红紫色变为灰绿色为终点,记录消耗 NaOH 标准滴定溶液的体积 V。平行测定三次,同时做空白实验。

(3)含量结果计算:

$$\omega(H_2SO_4)=\frac{c(NaOH)\cdot(V-V_0)\cdot M(\frac{1}{2}H_2SO_4)\times10^{-3}}{m_{样}}\times100\%$$

式中:c(NaOH)——NaOH 标准滴定溶液的浓度,mol·L^{-1};

V——滴定耗用的 NaOH 标准滴定溶液的体积,mL;

V_0——空白实验消耗 NaOH 标准滴定溶液的体积,mL;

$m_{样}$——试样的质量,g;

$M(\frac{1}{2}H_2SO_4)$——$\frac{1}{2}H_2SO_4$ 的摩尔质量,49.04 g·mol^{-1}。

图 4-3-2 甲基红-亚甲基蓝指示剂

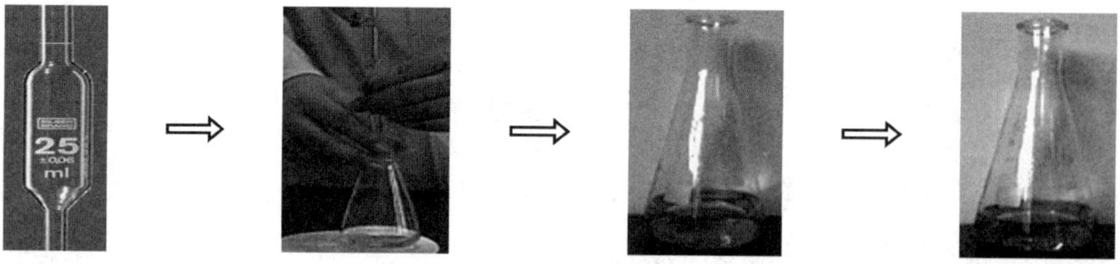

(a)准确移 25.00 mL 硫酸试样　(b)加混合指示剂滴定　(c)滴定前颜色(红紫色)　(d)终点时颜色(灰绿色)

图 4-3-3 测定工业硫酸试样

小贴士

1.甲基红–亚甲基蓝混合指示剂的配制(变色点 pH=5.4,酸式色为红紫色,碱式色为灰绿色):取 1 $g\cdot L^{-1}$ 的甲基红乙醇溶液与 1 $g\cdot L^{-1}$ 的亚甲基蓝乙醇溶液按 2:1 体积比混合。

2.混合指示剂的特点:混合指示剂一般由两种或多种指示剂(或指示剂与染料)混合而成,具有变色范围窄,终点颜色变化敏锐等特点,能使滴定误差更小。常用的混合指示剂见附录Ⅲ。

活动 3 数据记录与处理

表 4-3-1 工业硫酸含量测定的原始记录与数据处理

编号 / 名称	1#	2#	3#	空白
倾出前试样质量 m_1,g				
倾出后试样质量 m_2,g				
试样质量 $m_{样}$,g				
$c(NaOH)$,$mol\cdot L^{-1}$				
消耗标准滴定溶液体积 V,mL				
被测物含量 $\omega(H_2SO_4)$,%				
平均含量 $\overline{\omega}(H_2SO_4)$,%				
计算公式				
极差				
相对极差,%				

拓展提高

酸碱滴定法的基本原理

在酸碱滴定中，最重要的是估计被测物能否被准确滴定、滴定过程中溶液 pH 的变化规律、怎样选择合适的指示剂来指示滴定终点。根据前面讲过的酸碱平衡理论，通过具体计算就可以解决这些问题。由于酸碱有强弱之分，在各种不同类型酸碱滴定的过程中，溶液 pH 的变化情况是不同的。

一、滴定曲线

表示滴定过程中溶液 pH 随标准滴定溶液用量改变的曲线称为滴定曲线。将滴定过程消耗的滴定剂的体积与溶液对应的 pH 记录下来，以 pH 做纵坐标，消耗的滴定剂体积 V 为横坐标绘制曲线。例如，用 0.1 $mol\cdot L^{-1}$ NaOH 溶液滴定 0.1 $mol\cdot L^{-1}$ HCl 溶液的滴定曲线如

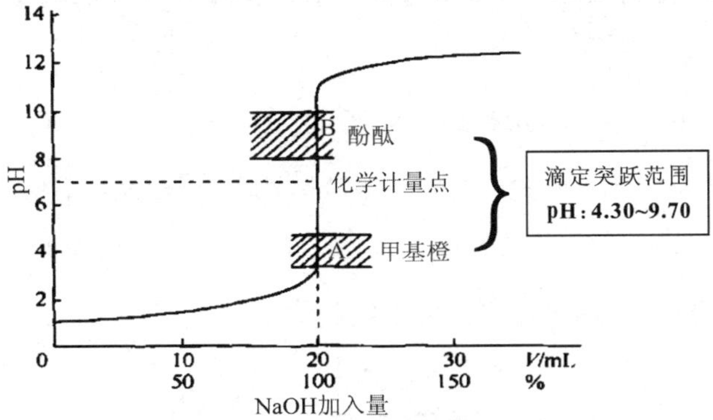

图 4-3-4 NaOH 溶液滴定 HCl 溶液的滴定曲线图

下图。

通常情况下，滴定到化学计量点前后±0.1%相对误差内，溶液的 pH 变化较快，我们把 pH 的这一突变叫滴定突跃，它所处的 pH 范围称为滴定突跃范围。滴定曲线的主要作用是寻找合适的指示剂。

二、指示剂选择

选择指示剂的原则：一是指示剂的变色范围全部或部分落入滴定突跃范围内；二是指示剂的变色点尽量靠近化学计量点。理想的指示剂应恰好在滴定的化学计量点时变色。但实际上，凡是在滴定突跃范围内变色的指示剂(即指示剂的变色范围全部或大部分落在滴定突跃

范围内),都可保证测定有足够的准确度。

三、滴定类型

1.强碱(酸)滴定强酸(碱)

强碱(NaOH、KOH)与强酸(HCl、H_2SO_4、HNO_3、$HClO_4$)之间的相互滴定就属于此类型。强碱、强酸在溶液中是完全离解的,酸以 H^+形式存在、碱以 OH^-形式存在。滴定的基本反应为:

$$H^+ + OH^- \rightleftharpoons H_2O$$

2.强碱(酸)滴定一元弱酸(碱)

一元弱酸在水溶液中存在离解平衡,强碱滴定一元弱酸的基本反应为:

$$OH^- + HA \rightleftharpoons A^- + H_2O$$

3.多元弱酸(碱)的滴定

多元酸多数是弱酸,它们在溶液中分级离解,二元弱酸能否分步滴定,可按下列原则大致判断:

若 $cK_{a1} \geqslant 10^{-8}$,$cK_{a2} \geqslant 10^{-8}$,离解的 H^+都可被滴定,在此条件下,若 $K_{a1}/K_{a2} \geqslant 10^4$ 可分步滴定。若 $cK_{a1} \geqslant 10^{-8}$,$cK_{a2} < 10^{-8}$ 且 $K_{a1}/K_{a2} \geqslant 10^4$,第一级离解的 H^+可被滴定,第二级离解的 H^+不能被滴定。

对于三元、四元弱酸分步滴定的判断,可以做类似处理。

项目拓展

工业醋酸含量的测定(设计实验)

一、目的

(1)巩固所学的基础理论知识、基本操作技能和基本实验方法。

(2)考查滴定分析操作的掌握情况,安排这次设计实验,作为实验考查。

二、要求

整个实验由学生自己设计实验方案,其内容主要为:

(1)方法原理。

(2)需用的仪器(规格、数量)、试剂(规格、浓度及配制方法)。

(3)实验步骤(试样的取用、标准滴定溶液、指示剂、终点变化、注意事项)。

(4)实验记录。

(5)结果计算。

(6)要求独立完成实验,并将分析结果写成报告,交老师批阅。

三、提示

(1)工业醋酸浓度大,需稀释后再滴定。

(2)稀释前后估算取样体积。

项目评价

表 4–1 项目评价表

序号	考核内容	评分标准	分值	小组评价	教师评价
1	仪器准备(5 分)	正确选择仪器(规格、型号)	2 分		
		正确领用仪器(规格、型号)	1 分		
		仪器领用记录的填写正确	2 分		
2	溶液准备(10 分)	正确领用试剂(种类、纯度、数量)	2 分		
		试剂领用记录的填写正确	3 分		
		正确配制所需溶液	5 分		
3	测定操作(40 分)	正确使用各种仪器,操作规范	10 分		
		正确配制和标定 NaOH 的浓度	10 分		
		正确测定工业硫酸含量	10 分		
		读数正确	5 分		
		样品平行测定三次	5 分		
4	团队合作(10 分)	仪器清洗、归位正确,药品、仪器摆放整齐,实验台面整洁	5 分		
		分工明确,各尽其职	5 分		
5	数据记录、处理及测定结果(25 分)	及时记录数据,记录规范、无随意涂改	3 分		
		正确填写原始记录表	2 分		
		计算正确	5 分		
		测定结果与标准值比较$\leqslant\pm1.0\%$	10 分		
		相对平均偏差$\leqslant0.2\%$	5 分		
6	撰写分析报告(10 分)	检验报告内容正确	5 分		
		正确撰写检验报告	5 分		
考核结果					

课后自测

一、判断题

(　)1.滴定分析中一般利用指示剂颜色的突变来判断计量点的达到,在指示剂变色时停止滴定,这一点称为计量点。

(　)2.NaOH 标准滴定溶液可以用直接法配制。

(　)3.HCl 标准滴定溶液的准确浓度可用基准无水 Na_2CO_3 标定。

(　)4.锥形瓶不能润洗,是因为待装液附着在锥形瓶内壁上无法计量。

(　)5.酸碱滴定中有时需要用颜色变化明显且变色范围较窄的指示剂即混合指示剂。

(　)6.盐酸标准滴定溶液可用精制的草酸标定。

(　)7.在酸碱滴定分析中,滴定终点就是化学计量点。

(　)8.用邻苯二甲酸氢钾基准物质标定 NaOH 标准滴定溶液,30 s 后,锥形瓶里溶液的微红色逐渐褪去,说明滴定终点未到来。

(　)9.滴定管、移液管和容量瓶校准的方法有称量法和相对校准法。

(　)10.滴定管、容量瓶、移液管在使用之前都需要用试剂溶液进行润洗。

二、选择题

1.物质的量浓度相同的下列物质的水溶液,其 pH 最高的是(　)。

A.NaCl　　B.NH_4Cl　　C.NH_4AC　　D.Na_2CO_3

2.标定 NaOH 溶液常用的基准物质是(　)。

A.无水碳酸钠　　B.硼砂　　C.邻苯二甲酸氢钾　　D.碳酸钙

3.下列关于滴定管操作正确的是(　)。

A.使用前应检查是否漏水

B.滴定过程中产生气泡,应将其排除后再继续滴定

C.滴定过程中必须随时保证滴定速度为 3~4 滴/秒

D.滴定结束,滴定管管尖的挂液应用洁净干燥的小烧杯靠掉

4.常量分析要求固体试样量至少应(　)。

A.>1 g　　B.>0.5 g　　C.>0.1 g　　D.<0.1 g

5.下面不宜加热的仪器是(　)。

A.试管　　B.坩埚　　C.蒸发皿　　D.滴定管

6.在滴定分析中,下列玻璃仪器,事先不应该用所盛溶液润洗的是(　)。

A.滴定管　B.量筒　C.锥形瓶　D.移液管

7.A 级滴定管的容量允差为(　)。

A.±0.01 mL　B.±0.03 mL　C.±0.05 mL　D.±0.1 mL

8.酚酞的变色范围为(　)。

A.8.2~10.0　B.4.4~10.0　C.9.4~10.6　D.7.2~8.8

9.甲基橙指示剂的变色范围是(　)。

A.3.1~4.4　B.4.4~6.2　C.6.8~8.0　D.8.2~10.0

10.有关滴定管的使用错误的是(　)。

A.使用前应洗干净,并检漏　B.滴定前应保证尖嘴部分无气泡

C.要求较高时,要进行体积校正　D.为保证标准滴定溶液浓度不变,使用前可加热烘干

三、简答题

1.NaOH 标准滴定溶液采用什么方法制备?为什么?

2.标定 NaOH 标准滴定溶液时,基准物质的用量一般如何确定?说明理由。

3.配制 NaOH 标准滴定溶液时,称取 NaOH 的质量是怎样计算的?

4.以基准物质邻苯二甲酸氢钾标定 NaOH 标准滴定溶液时,需称取的邻苯二甲酸氢钾的质量如何计算?

四、计算题

1.称取 0.8206 g 邻苯二甲酸氢钾($KHC_8H_4O_4$),溶于水后用 $c(NaOH)=0.2000\ mol\cdot L^{-1}$ NaOH 标准滴定溶液滴定,须消耗 NaOH 溶液多少毫升?

2.用邻苯二甲酸氢钾基准试剂标定 $c(NaOH)=0.1\ mol\cdot L^{-1}$ NaOH 标准滴定溶液,应称取邻苯二甲酸氢钾多少克?

3.中和 30.00 mL NaOH,用去 38.40 mL $c(\frac{1}{2}H_2SO_4)=0.1000\ mol\cdot L^{-1}$ 的硫酸溶液,求 NaOH 溶液物质的量浓度。

4.称取工业硫酸样品 7.6521 g,定容至 250.0 mL,取出 25.00 mL,滴定时用去 $c(NaOH)=0.7500\ mol\cdot L^{-1}$ NaOH 溶液 20.00 mL,计算样品中硫酸的质量分数为多少。

项目五 混合碱含量的测定

项目导入

无机化工的"三酸两碱"中的"两碱"就是指 NaOH(俗名烧碱、火碱或苛性钠)和 Na_2CO_3(俗称纯碱、苏打)。"两碱"无论是在生产过程中,还是在运输和贮存过程中,都易"变质",影响产品纯度。

混合碱通常是指 NaOH 与 Na_2CO_3 或与 $NaHCO_3$(小苏打)的混合物。化工产品烧碱 NaOH 与空气接触,极易形成 Na_2CO_3 影响产品纯度。

混合碱组分测定,实验室常采用双指示剂法。此法简便、快速,在生产实际中应用广泛。

双指示剂法是指用 HCl 标准滴定溶液滴定时，根据滴定过程中溶液 pH 的变化情况,选用酚酞和甲基橙两种不同的指示剂分别指示第一、第二化学计量点。

先用酚酞做指示剂,滴定至溶液由粉红色至接近无色,此时,第一滴定终点 pH 约为 8.2,滴定反应为:

$$NaOH + HCl == NaCl + H_2O$$

$$Na_2CO_3 + HCl == NaHCO_3 + NaCl$$

滴定消耗的 HCl 标准滴定溶液体积记为 V_1。

然后,加入甲基橙指示剂,继续滴定至溶液由黄色变为橙色,到达第二个滴定终点,形成 CO_2 的饱和溶液,此时,溶液 pH 约为 3.89,滴定消耗的 HCl 标准滴定溶液体积记为 V_2。滴定反应为:

$$NaHCO_3 + HCl == NaCl + H_2O + CO_2\uparrow$$

双指示剂法测定混合碱组分含量,可根据测定消耗 HCl 体积 V_1、V_2 大小判断混合碱的组成情况。

任务一 制备HCl标准滴定溶液

任务目标

1.能正确配制盐酸标准滴定溶液。

2.能用基准物质碳酸钠标定盐酸标准滴定溶液。

3.能正确记录和处理标定数据,并报告结果。

4.能熟练进行分析天平、酸式滴定管的操作。

任务分析

1.明确任务流程

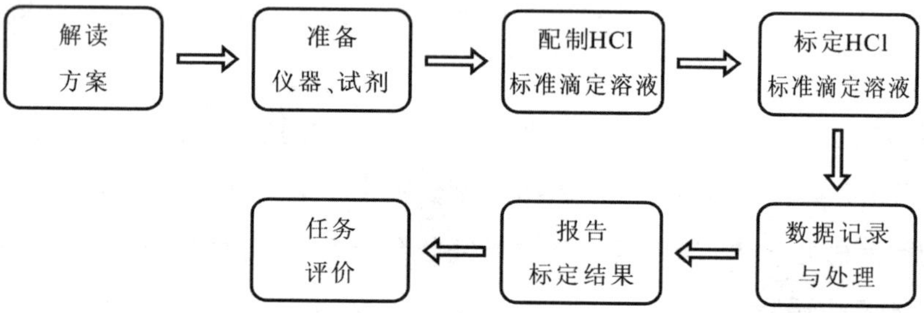

2.任务难点分析

用基准物质碳酸钠标定盐酸标准滴定溶液的方法;熟练操作分析天平、酸式滴定管。

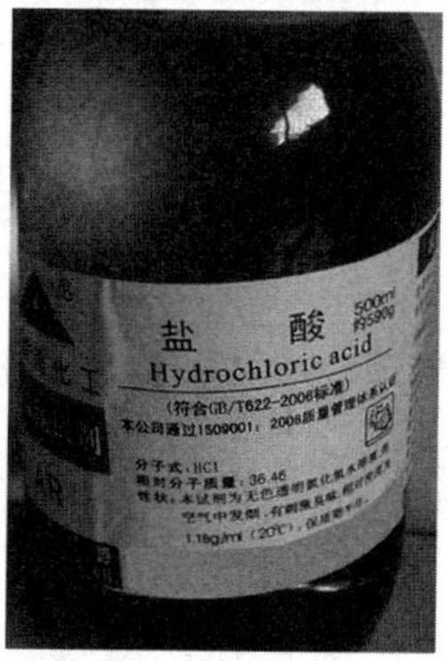

图 5-1-1 盐酸试样

3.任务前准备

仪器:分析天平、称量瓶、酸式滴定管、锥形瓶、量筒、烧杯、玻璃棒、洗瓶等。

试剂:HCl(AR)、碳酸钠(基准物质)、溴甲酚绿-甲基红混合指示剂溶液。

相关知识

标定 HCl 基本原理

标定 HCl 标准滴定溶液浓度，国家标准 GB/T 601—2016 中使用 270~300 ℃下灼烧至恒重的基准无水碳酸钠进行标定，标定反应为：

$$Na_2CO_3 + 2HCl = 2NaCl + CO_2\uparrow + H_2O$$

化学计量点时 pH=3.9，用溴甲酚绿−甲基红混合指示剂，溶液由绿色变为暗红色时为终点，近终点时要煮沸赶除 CO_2 后继续滴定至暗红色。

任务实施

活动 1　配制 0.1 mol·L^{-1} HCl 标准滴定溶液 500 mL

(1)计算：配制 0.1 mol·L^{-1} 的盐酸溶液 500 mL，需要浓盐酸(12 mol·L^{-1})的体积，可根据下式计算(依据是溶液在稀释前后，溶质物质的量不变)。

$$c_{浓} \cdot V_{浓} = c_{稀} \cdot V_{稀}$$

$$12 \times V_{浓} = 0.1 \times 500$$

$$V_{浓} = 4.17\ (mL)$$

(2)配制：量取约 4.3 mL 浓盐酸，在不断搅拌下，缓缓注入 300 mL 水中，冷却，稀释至 500 mL，搅匀，转移至试剂瓶中。

(3)标识(或贴标签)。

小贴士

市售盐酸的密度为 1.19 g·cm^{-3}，HCl 的质量分数约为 37%，其物质的量浓度约为 12 mol·L^{-1}。配制时先用 HCl 配成所需浓度，然后用基准物质标定，以获得准确浓度。由于浓盐酸具有挥发性，配制时所取 HCl 的量应适当多些。

注意事项

盐酸是强酸，具有挥发性，挥发出的 HCl 气体对皮肤、呼吸系统有一定的伤害，配制时要注意安全并在通风橱中进行操作！

活动 2 标定 HCl 标准滴定溶液

(1)将基准无水 Na_2CO_3 于 270~300 ℃灼烧至恒重。冷却后放于干燥器中冷至室温。

(2)用差减法准确称取无水 Na_2CO_3 三份,每份 0.15~0.2 g,分别置于 250 mL 锥形瓶中。

(3)加水 50 mL 使 Na_2CO_3 溶解,摇匀。

(4)加 10 滴溴甲酚绿-甲基红混合指示剂。

(5)用配好的 HCl 标准滴定溶液滴定至溶液由绿色变为暗红色。

(6)煮沸 2 min,冷至室温。

(7)继续滴定至溶液呈暗红色,记录消耗盐酸体积 V,平行测定三次,同时做空白实验。

(8)计算待标定 HCl 标准滴定溶液的浓度:

$$c(\mathrm{HCl})=\frac{m\times1000}{(V-V_0)\times M(\frac{1}{2}\mathrm{Na_2CO_3})}$$

式中 $c(\mathrm{HCl})$——待标定 HCl 标准滴定溶液的浓度,$\mathrm{mol\cdot L^{-1}}$;

m ——基准 Na_2CO_3 的质量,g;

V ——滴定时消耗 HCl 溶液的体积,mL;

V_0——空白实验消耗 HCl 溶液的体积,mL;

$M(\frac{1}{2}\mathrm{Na_2CO_3})$——以 $\frac{1}{2}\mathrm{Na_2CO_3}$ 为基本单元的摩尔质量,52.99 $\mathrm{g\cdot mol^{-1}}$。

(a)准确称取基准无水碳酸钠　(b)加溴甲酚绿-甲基红　(c)滴定前颜色(绿色)　(d)终点时颜色(暗红色)

图 5-1-2 标定 HCl 标准溶液

注意事项

在盐酸标定过程中进行加热操作时一定要注意用电安全!

小贴士

溴甲酚绿-甲基红混合指示剂配制:取三份 1 $\mathrm{g\cdot L^{-1}}$ 的溴甲酚绿乙醇溶液与一份 2 $\mathrm{g\cdot L^{-1}}$ 的甲基红乙醇溶液混合。

活动 3 数据记录与处理

表 5-1-1 标定 HCl 标准滴定溶液的原始记录与数据处理

名称 \ 编号	1#	2#	3#	空白
倾出前试样质量 m_1,g				
倾出后试样质量 m_2,g				
基准物质质量 m,g				
消耗标准滴定溶液体积 V,mL				
标准滴定溶液浓度 c,mol·L^{-1}				
平均浓度 $\bar{c}$,mol·L^{-1}				
浓度计算公式				
极差				
相对极差,%				

想一想

1.盐酸标准滴定溶液采用什么方法制备？为什么？

2.配制盐酸标准滴定溶液时,量取浓盐酸的体积是怎样计算的？

3.以基准物 Na_2CO_3 标定 HCl 标准滴定溶液时,需称取的 Na_2CO_3 质量如何计算？

任务二 混合碱含量的测定

任务目标

1.掌握双指示剂法酸碱连续滴定的基本原理。

2.能正确使用分析天平及容量分析仪器,准确测定混合碱含量;学会液体样品的称量方法。

3.学会混合指示液的配制,能正确使用混合指示液判断终点。

任务分析

1.明确任务流程

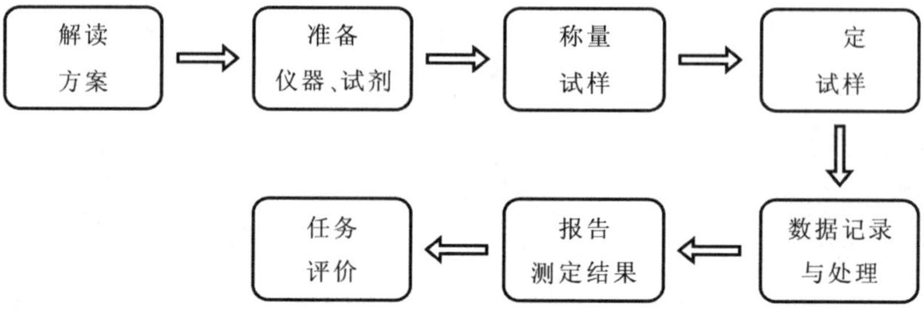

2.任务难点分析

双指示剂法酸碱连续滴定的基本原理;判断终点;混合碱含量的测定方法。

3.任务前准备

仪器:容量瓶、分析天平、烧杯、酸式滴定管、移液管等。

试剂:0.1 $mol \cdot L^{-1}$ HCl标准滴定溶液、混合碱试样、甲基橙、酚酞指示剂。

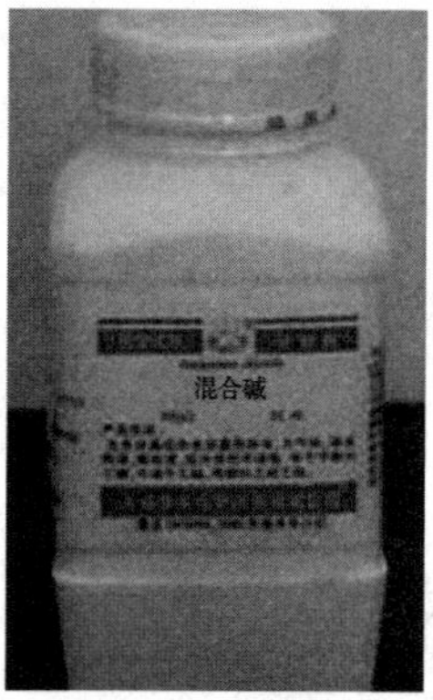

图 5-2-1 混合碱试样

相关知识

混合碱的分析(双指示剂法)

一、烧碱中NaOH和Na_2CO_3含量的测定

1.测定原理

NaOH俗称烧碱,在生产和贮藏过程中,常因吸收空气中的CO_2而产生部分Na_2CO_3。测定烧碱中的NaOH和Na_2CO_3含量,可采用双指示剂法。

双指示剂法是指用HCl标准滴定溶液滴定时,根据滴定过程中溶液pH的变化情况,选用酚酞和甲基橙两种不同的指示剂分别指示第一、第二化学计量点。此法简便、快速,在生产实际中应用广泛。

2.测定步骤

准确称取一定质量的试样,溶于水后,先以酚酞为指示剂,用HCl标准滴定溶液滴定至终点(由红色恰好变为无色),记录消耗 HCl 溶液的体积为 V_1。此时溶液中的NaOH 全部被中和,Na_2CO_3 被中和至 $NaHCO_3$。

$$NaOH + HCl = NaCl + H_2O$$

$$Na_2CO_3 + HCl = NaHCO_3 + NaCl$$

然后加入甲基橙指示剂,继续用 HCl 标准滴定溶液滴定,使溶液由黄色转变为橙色即为终点,记录消耗 HCl 溶液的体积为 V_2。此时溶液中的 $NaHCO_3$ 被中和至 H_2CO_3(分解为 H_2O+CO_2)。

滴定过程可表示为:

$$NaHCO_3 + HCl = NaCl + CO_2\uparrow + H_2O$$

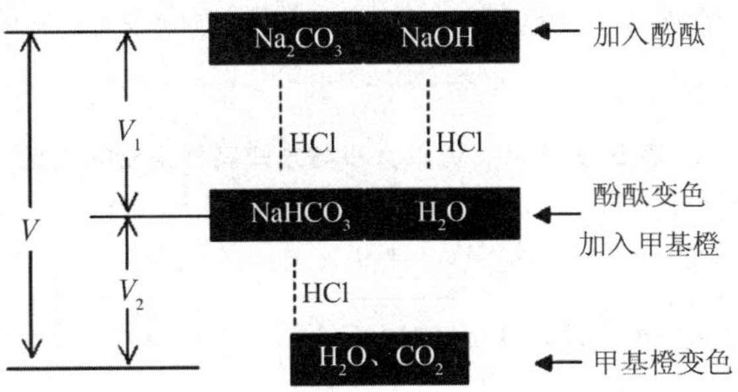

图 5-2-2 双指示剂滴定过程

显然,试样中的 Na_2CO_3 总共消耗 HCl 标准滴定溶液的体积为 2 V_2,NaOH 消耗 HCl 标准滴定溶液的体积为(V_1-V_2)。

3.含量计算

烧碱中 NaOH 和 Na_2CO_3 的含量(质量分数)按下式计算:

$$\omega(NaOH) = \frac{(V_1-V_2)\cdot c(HCl)\cdot M(NaOH)\times10^{-3}}{m_{样}} \times 100\%$$

$$\omega(Na_2CO_3) = \frac{2V_2\cdot c(HCl)\cdot M(\frac{1}{2}Na_2CO_3)\times10^{-3}}{m_{样}} \times 100\%$$

二、纯碱中 Na_2CO_3 和 $NaHCO_3$ 含量的测定

测定方法与烧碱中 NaOH 和 Na_2CO_3 含量的测定相类似。

滴定过程可表示为：

$$酚酞变色时：CO_3^{2-} + H^+ \longequal HCO_3^-$$

$$甲基橙变色时：HCO_3^- + H^+ \longequal H_2CO_3(CO_2 + H_2O)$$

$$\omega(Na_2CO_3) = \frac{2V_1 \cdot c(HCl) \cdot M(\frac{1}{2}Na_2CO_3) \times 10^{-3}}{m_{样}} \times 100\%$$

$$\omega(NaHCO_3) = \frac{(V_2 - V_1) \cdot c(HCl) \cdot M(NaHCO_3) \times 10^{-3}}{m_{样}} \times 100\%$$

双指示剂法不仅用于混合碱的定量分析，还可根据 V_1 与 V_2 之间的关系用于未知碱样的定性分析。设某碱样可能含有 NaOH、$NaHCO_3$、Na_2CO_3 或它们的混合物。假设酚酞终点时用去 HCl 标准滴定溶液 V_1，继续滴定至甲基橙终点时又用去 V_2，则未知碱样的组成与 V_1、V_2 的关系见表 5-2-1。

表 5-2-1 V_1、V_2 的大小与未知碱样组成的关系

V_1 与 V_2 的关系	$V_1>V_2, V_2\neq 0$	$V_1<V_2, V_1\neq 0$	$V_1=V_2$	$V_1\neq 0, V_2=0$	$V_2\neq 0, V_1=0$
碱的组成	Na_2CO_3 和 NaOH	Na_2CO_3 和 $NaHCO_3$	Na_2CO_3	NaOH	$NaHCO_3$

注意：在混合碱中，NaOH 与 $NaHCO_3$ 不能共存。

任务实施

活动 1　混合碱试样的制备

(1)用称量瓶以差减法准确称取混合碱试样 2.0~2.5 g 于 250 mL 烧杯中。

(2)加少量新煮沸的冷蒸馏水，搅拌使其完全溶解并冷却至室温。

(3)然后转移到一个洁净的 250 mL 容量瓶中，用新煮沸的冷蒸馏水稀释至刻度，摇匀，备用。

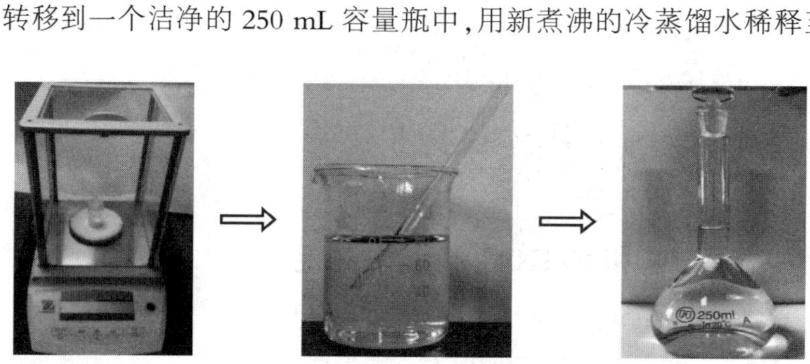

(a)准确称取混合碱试样 2.0~2.5 g 于烧杯中　(b)加入适量水溶解、洗涤　(c)转移至容量瓶中稀释、定容、摇匀

图 5-2-3 准备混合碱试样

活动 2 测定混合碱的含量

(1)准确吸取 25.00 mL 混合碱试液三份于 250 mL 锥形瓶中，加 50 mL 新煮沸的蒸馏水，摇匀，加 2 滴酚酞指示剂，用 c(HCl)=0.1 mol·L^{-1} 标准滴定溶液滴定至由红色刚好变为无色，即为第一终点，记下消耗 HCl 溶液的体积 V_1。

(2)再加入 2 滴甲基橙指示剂，此时溶液呈黄色。继续用 HCl 标准滴定溶液滴定至溶液出现橙色，即为第二终点，记下消耗 HCl 溶液的体积 V_2。平行测定三次。

(3)计算混合碱中各组分的质量分数。

试样为 Na_2CO_3 和 NaOH 的混合物，NaOH 和 Na_2CO_3 组分的质量分数分别为：

$$\omega(\mathrm{NaOH}) = \frac{c(\mathrm{HCl})\cdot(V_1-V_2)\cdot M(\mathrm{NaOH})\times10^{-3}}{m_{样}\times\dfrac{25.00}{250.0}}\times100\%$$

$$\omega(\mathrm{Na_2CO_3}) = \frac{c(\mathrm{HCl})\cdot 2V_2\cdot M(\frac{1}{2}\mathrm{Na_2CO_3})\times10^{-3}}{m_{样}\times\dfrac{25.00}{250.0}}\times100\%$$

式中：c(HCl)——盐酸标准滴定溶液的浓度，mol·L^{-1}；

$m_{样}$——烧碱试样的质量，g；

V_1——用酚酞指示终点时消耗盐酸标准滴定溶液的体积，mL；

V_2——用甲基橙指示终点时消耗盐酸标准滴定溶液的体积，mL；

M(NaOH)——氢氧化钠基本单元的摩尔质量，40 g·mol^{-1}；

$M(\frac{1}{2}Na_2CO_3)$——以 $\frac{1}{2}Na_2CO_3$ 为基本单元的摩尔质量，52.99 g·mol^{-1}。

(a)准确移 25.00 mL 混合碱试样 (b)加指示剂滴定 (c)第一滴定终点(无色) (d)第二滴定终点(橙色)

图 5-2-4 测定混合碱含量

注意事项

1.装混合碱试样的称量瓶保存在干燥器中。

2.称量要迅速(试样尽量少暴露在空气中),以减少误差。

3.溶样时,纯水沿杯壁加入,或用玻璃棒引入,玻璃棒下端应紧靠杯壁;充分搅拌使之溶解完全。

4.HCl 标准滴定溶液使用前必须再次摇匀。

活动 3 数据记录与处理

表 5-2-2 混合碱含量测定的原始记录与数据处理

名称 \ 编号	1#	2#	3#	空白
倾出前试样质量 m_1,g				
倾出后试样质量 m_2,g				
试样质量 $m_{样}$,g				
c(HCl),mol·L^{-1}				
V_1(HCl),mL				
V_2(HCl),mL				
ω(NaOH),%				
计算公式				
$\bar{\omega}$(NaOH),%				
极差				
相对极差, %				
$\omega(Na_2CO_3)$,%				
计算公式				
$\bar{\omega}(Na_2CO_3)$,%				
极差				
相对极差,%				

拓展提高

分析结果的判断

在一组平行测定所得的数据中，有时会有个别测定值与其他数据相差较远，这一测定值为可疑值。这一数据如果不是因为过失引起的，则不能随意舍弃，应该按照数理统计的规定进行处理。目前常用的方法有 4 $\bar{d}$法和 Q 检验法。

一、4 $\bar{d}$ 法

此法处理数据的步骤如下：

(1)将可疑值除外，求出其余数据的平均值$\bar{x}_{n-1}$ 和平均偏差$\bar{d}_{n-1}$ 。

(2)求可疑值与平均值之差的绝对值$\left|x_{可}-\bar{x}_{n-1}\right|$。

(3)将此绝对值与 4 $\bar{d}_{n-1}$ 进行比较，若$\left|x_{可}-\bar{x}_{n-1}\right| \geqslant 4\bar{d}_{n-1}$，则舍去此可疑值，否则保留。

4 $\bar{d}$法运算简单，但统计处理不够严密，适用于平行 4~8 次的测定，且要求不高的实验数据处理。

【例 1】标定 NaOH 溶液浓度时，得到下列数据：0.1014 mol·L^{-1}、0.1012 mol·L^{-1}、0.1019 mol·L^{-1}、0.1016 mol·L^{-1}。根据 4 $\bar{d}$法判断数据 0.1019 mol·L^{-1} 可否舍去。

解：4 个数据中可疑值为 0.1019 mol·L^{-1}。其余数据的 $\bar{x}$和 $\bar{d}$为：

$$\bar{x}=\frac{0.1014+0.1012+0.1016}{3}=0.1014\ (\text{mol}\cdot\text{L}^{-1})$$

$$\bar{d}=\frac{|0.0000|+|-0.0002|+|0.0002|}{3}=0.00013\ (\text{mol}\cdot\text{L}^{-1})$$

$$4\bar{d}=4\times0.00013=0.00052\ (\text{mol}\cdot\text{L}^{-1})$$

而数据$\left|x_{可}-\bar{x}_{n-1}\right|=|0.1019-0.1014|=0.0005<4\bar{d}$

故数据 0.1019 mol·L^{-1} 应保留。

二、Q 检验法

Q 检验法的处理步骤如下：

(1)将多次测得的数据由小到大排列：x_1、x_2…x_n 求出最大值与最小值之差，即极差 x_n-x_1。

(2)求出可疑值与邻近数据之差 $x_{可}-x_{邻}$。

(3)按下式计算出 Q 值：$Q_{计}=\dfrac{x_{可}-x_{邻}}{x_n-x_1}$。

(4)根据所要求的置信度和测定次数,查表 5-2-2 得出 Q。如果 $Q_{计}\geqslant Q$,则将该可疑值舍弃,否则保留。

表 5-2-3 不同置信度下的 Q 值

测定次数	Q(90%)	Q(95%)	Q(99%)	测定次数	Q(90%)	Q(95%)	Q(99%)
3	0.94	0.98	0.99	7	0.51	0.59	0.68
4	0.76	0.85	0.93	8	0.47	0.54	0.63
5	0.64	0.73	0.82	9	0.44	0.51	0.60
6	0.56	0.64	0.74	10	0.41	0.48	0.57

Q 检验法符合数理统计原理,计算简便,适用于平行 3~10 次测定数据的检验。

【例 2】测定试样中钙的质量分数分别为 22.38%,22.39%,22.36%,22.40%,22.44%。试用 Q 检验法判断 22.44 %是否应舍去(置信度为 90%)。

解:排序后求最大值与最小值之差为：$x_n-x_1=22.44\%-22.36\%=0.08\%$

可疑值与邻近数据之差为：$x_{可}-x_{邻}=22.44\%-22.40\%=0.04\%$

$$Q_{计}=\frac{x_{可}-x_{邻}}{x_n-x_1}=\frac{0.04\%}{0.08\%}=0.50$$

查表:n=5 时,$Q_{0.90}=0.64$,因为 $Q_{计}<Q_{0.90}$,所以 22.44%应当保留。

项目评价

表 5-1 项目评价表

序号	考核内容	评分标准	分值	小组评价	教师评价
1	仪器准备(10 分)	正确选择仪器(规格、型号)	5 分		
		正确领用仪器(规格、型号)	5 分		
2	溶液准备(10 分)	正确领用试剂(种类、纯度、数量)	2 分		
		试剂领用记录的填写正确	3 分		
		正确配制所需溶液	5 分		

续表

序号	考核内容	评分标准	分值	小组评价	教师评价
3	测定操作（40分）	正确使用各种仪器，操作规范	10分		
		正确配制和标定HCl的浓度	10分		
		正确测定混合碱含量	10分		
		读数正确	5分		
		样品平行测定三次	5分		
4	团队合作（10分）	仪器清洗、归位正确，药品、仪器摆放整齐，实验台面整洁	5分		
		分工明确，各尽其职	5分		
5	数据记录、处理及测定结果（20分）	及时记录数据，记录规范、无随意涂改	3分		
		正确填写原始记录表	2分		
		计算正确	5分		
		测定结果与标准值比较≤±1.0%	5分		
		相对平均偏差≤0.2%	5分		
6	撰写分析报告（10分）	检验报告内容正确	5分		
		正确撰写检验报告	5分		
考核结果					

课后自测

一、判断题

(　　)1.盐酸标准滴定溶液可用精制的草酸标定。

(　　)2.HCl标准滴定溶液可以用直接法配制。

(　　)3.HCl标准滴定溶液的准确浓度可用基准无水Na_2CO_3标定。

(　　)4.用酸碱滴定法测定工业醋酸中的乙酸含量，应选择的指示剂是酚酞。

(　　)5.用因吸潮带有少量湿存水的基准试剂Na_2CO_3标定HCl溶液的浓度时，结果偏高，若用此HCl溶液测定某有机碱的摩尔质量时结果也偏高。

(　　)6.由于羧基具有酸性，可用氢氧化钠标准滴定溶液直接滴定，测出羧酸的含量。

(　　)7.用0.1 $mol\cdot L^{-1}$ NaOH溶液滴定100 mL 0.1 $mol\cdot L^{-1}$盐酸时，如果滴定误差在±0.1%以内，反应完毕后，溶液的pH范围为4.3~9.7。

(　　)8.强酸滴定弱碱达到化学计量点时 pH>7。

(　　)9.用双指示剂法分析混合碱时，如其组成是纯的 Na_2CO_3，则 HCl 消耗量 V_1 和 V_2 的关系是 $V_1>V_2$。

二、选择题

1.用双指示剂法测由 Na_2CO_3 和 $NaHCO_3$ 组成的混合碱，达到计量点时，所需盐酸标准滴定溶液体积关系为(　　)。

A.$V_1<V_2$　　B.$V_1>V_2$　　C.$V_1=V_2$　　D.无法判断

2.酸碱滴定过程中，选取合适的指示剂是(　　)。

A.减少滴定误差的有效方法　　B.减少偶然误差的有效方法

C.减少操作误差的有效方法　　D.减少试剂误差的有效方法

3.用基准无水碳酸钠标定 0.1 $mol·L^{-1}$ 盐酸，宜选用(　　)做指示剂。

A.溴钾酚绿–甲基红　　B.酚酞　　C.百里酚蓝　　D.二甲酚橙

4.酸碱滴定中指示剂选择依据是(　　)。

A.酸碱溶液的浓度　　B.酸碱滴定 pH 突跃范围

C.被滴定酸或碱的浓度　　D.被滴定酸或碱的强度

5.有一混合碱 NaOH 和 Na_2CO_3，用 HCl 标准滴定溶液滴定至酚酞褪色，用去 V_1 mL。然后加入甲基橙继续用 HCl 标准滴定溶液滴定，用去 V_2 mL。则 V_1 与 V_2 的关系为(　　)。

A.$V_1>V_2$　　B.$V_1<V_2$　　C.$V_1=V_2$　　D.$V_1=V_2$

6.0.04 $mol·L^{-1}$ H_2CO_3($K_{a1}=4.3\times10^{-7}$，$K_{a2}=5.6\times10^{-11}$)溶液的 pH 为(　　)。

A.4.73　　B.5.61　　C.3.89　　D.7

7.标定 HCl 标准滴定溶液常用的基准物质是(　　)。

A. 无水碳酸钠　　B.邻苯二甲酸氢钾　　C.$CaCO_3$　　D.硼砂

三、简答题

1.什么是双指示剂法？简述双指示剂法测定混合碱组分及含量的基本原理。

2.盐酸标准滴定溶液采用什么方法制备？为什么？

3.配制盐酸标准滴定溶液时，量取浓盐酸的体积是怎样计算的？

4.以基准物质无水碳酸钠标定HCl 标准滴定溶液时，需称取的无水碳酸钠质量如何计算？

四、计算题

1.用 0.2369 g 无水碳酸钠标定 HCl 标准滴定溶液的浓度，消耗 22.35 mL HCl 溶液，计算该 HCl 溶液的物质的量浓度。

2.用基准无水碳酸钠标定 $c(\mathrm{HCl}) = 0.1\ \mathrm{mol \cdot L^{-1}}$ HCl 标准滴定溶液，应取无水碳酸钠多少克？

3.称取 Na_2CO_3 与 NaOH 的混合碱试样 0.6090 g，现欲测定。将其溶于水中，用 0.2100 $\mathrm{mol \cdot L^{-1}}$ HCl 溶液滴定至酚酞变色时，用去 HCl 溶液 20.60 mL；加甲基橙后继续用 HCl 滴定，又消耗 HCl 溶液 11.22 mL。试计算试样中 Na_2CO_3 与 NaOH 的质量分数。

项目六 自来水总硬度的测定

项目导入

水总硬度是指水中 Ca^{2+}、Mg^{2+}的总量，它包括暂时硬度和永久硬度。总硬度 0~60 $mg\cdot L^{-1}$ 称为软水，60 $mg\cdot L^{-1}$ 以上称为硬水。

水硬度是水质的一个重要监测指标，通过监测可以知道其是否可以用于工业生产及日常生活。硬度高的水可使肥皂沉淀，使洗涤剂的效用大大降低；纺织工业上硬度过大的水使纺织物粗糙且难以染色；烧锅炉易堵塞管道，引起锅炉爆炸事故；高硬度的水难喝、有苦涩味，饮用后甚至影响肠胃功能等；喂牲畜可引起孕畜流产等。因此水硬度的测定方法研究是不容忽视的，水中钙、镁含量的高低是衡量生活用水和工业用水水质的一项重要指标。

自来水硬度的测定执行国家推荐标准包括 GB/T 5750.1—2006 至 GB/T 5750.13—2006 规定，采用 EDTA 配位滴定法。配位滴定法是以配位反应为基础的滴定分析方法，EDTA 是配位剂乙二胺四乙酸的英文缩写。

任务一 认识及配制常用配位指示剂

任务目标

1.认识配位指示剂。

2.了解配位指示剂的变色原理和变色范围。

3.能正确熟练配制和选择合适的配位指示剂。

任务分析

1.明确任务流程

认识配位指示剂 ⇒ 配制配位指示剂 ⇒ 选择配位指示剂

2.任务难点分析

能正确配制常用配位指示剂;能正确选择配位指示剂。

3.任务前准备

仪器:托盘天平、量筒、烧杯、滴瓶、玻璃棒等。

试剂:铬黑 T 指示剂、乙醇溶液、盐酸羟胺。

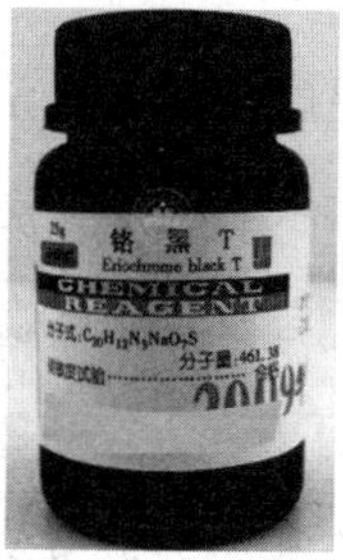

图 6-1-1 铬黑 T

相关知识

金属指示剂

一、金属指示剂简介

在配位滴定中,通常利用一种能与金属离子 M 生成有色配合物的显色剂来指示滴定终点,这种显色剂称为金属离子指示剂 In,简称金属指示剂 In。

金属指示剂大多是一种有机染料,能与某些金属离子 M 生成有色配合物,且与指示剂本身颜色不同。

例如铬黑 T 指示液为蓝色，与金属离子形成红色配合物，当 EDTA 滴定金属离子至化学计量点时，与铬黑 T 配位的金属离子被 EDTA 夺取，溶液由酒红色转变为纯蓝色。

铬黑 T 简称 EBT，是黑褐色粉末，带金属光泽的一种金属指示剂。

例如在 pH=10 的缓冲溶液中，铬黑 T 本身是蓝色的，MIn 是酒红色的。滴定开始时溶液呈现出 MIn 的颜色。

滴定前：　M　+　In $\rightleftharpoons$ MIn

无色　　纯蓝色　　酒红色

（铬黑 T）（铬黑 T 与 M 的配合物）

滴定终点时：　MIn　+　Y $\rightleftharpoons$ MY　+　In

酒红色　（EDTA）　　　　纯蓝色

终点时，EDTA 夺取 MIn 中的 M，使指示剂游离出来显示纯蓝色，指示滴定终点。

二、金属指示剂应具备的条件

(1)在滴定 pH 范围内，MIn 与 In 的颜色有明显的区别。

(2)金属离子与指示剂形成的配合物 MIn 要有适当的稳定性即 K'_{MIn} 值要合适。即 $\lg K'_{MIn} \geqslant 4$，且 $(\lg K'_{MY} - \lg K'_{MIn}) \geqslant 2$。$K'_{MIn}$ 太小，终点提前出现，且变色不敏锐；K'_{MIn} 太大，终点拖后出现，甚至得不到终点。

(3)金属离子与指示剂形成的配合物应易溶于水。

(4)指示剂与金属离子的反应要迅速，且变色可逆。

(5)金属指示剂应比较稳定，便于贮存和使用。

常用金属指示剂见附录Ⅲ。

任务实施

活动 1　配制 5 g·L⁻¹ 铬黑 T(EBT)指示剂溶液 100 mL

(1)计算：配制 $5\ g\cdot L^{-1}$ 的铬黑 T 指示剂溶液 100 mL 需要铬黑 T 的质量，可根据下式计算。

$$m(\text{铬黑 T}) = \rho \times V = 5 \times 0.1 = 0.5(g)$$

(2)配制：在托盘天平上称取 0.5 g 铬黑 T 及 2.0 g 盐酸羟胺，于一干净烧杯中，加乙醇溶解,并稀释至 100 mL,搅匀,转移至试剂瓶中。

(3)标识(或贴标签)。

小贴士

铬黑 T 的水溶液不稳定,易发生分子聚合而变质。在以铬黑 T 做指示剂时,常将固体铬黑 T 与干燥的 NaCl 按 1:100 比例混合磨细后使用。若在铬黑 T 水溶液中加入三乙醇胺或在铬黑 T 的乙醇溶液中加入盐酸羟胺,使用时间可长一些。

任务二 制备 EDTA 标准滴定溶液

任务目标

1.能正确配制 EDTA 标准滴定溶液。

2.能用基准物质氧化锌标定 EDTA 标准滴定溶液。

3.能正确记录和处理标定数据,并报告结果。

4.能熟练进行分析/托盘天平、碱式滴定管的操作。

任务分析

1.明确任务流程

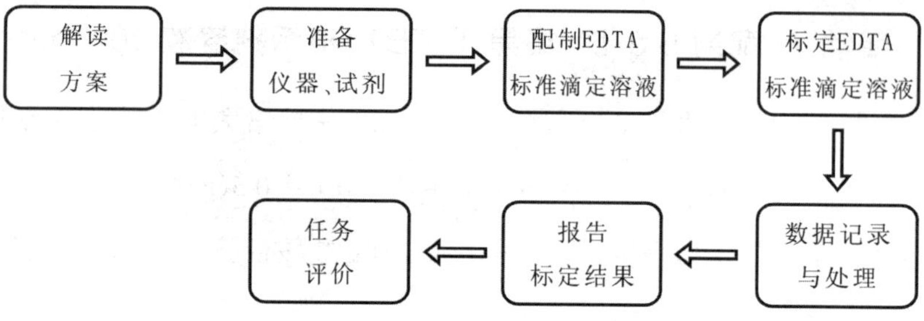

2.任务难点分析

用基准物质氧化锌标定 EDTA 标准滴定溶液的方法；熟练操作分析/托盘天平、碱式滴定管。

3.任务前准备

仪器：托盘天平、分析天平、称量瓶、碱式滴定管、锥形瓶、量筒、烧杯、玻璃棒、洗瓶等。

试剂：EDTA(AR)、氧化锌(基准物质)、(1+1)盐酸、(2+3)氨水、氨水−氯化铵缓冲溶液(pH=10)、5 g·L^{-1} 铬黑 T 指示剂乙醇溶液。

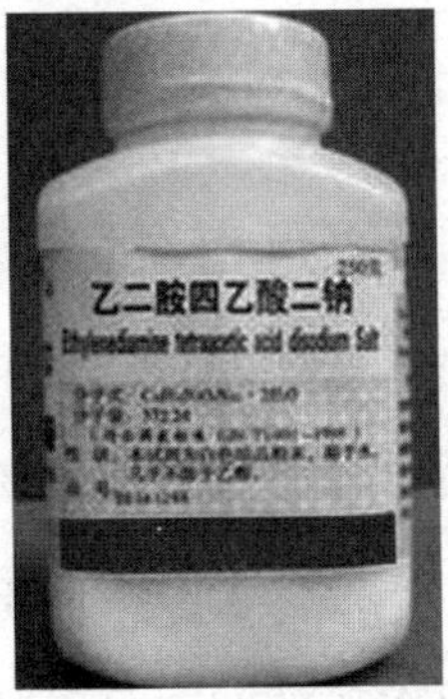

图 6-2-1　EDTA 二钠盐

相关知识

配位滴定反应

一、EDTA 简介

乙二胺四乙酸简称 EDTA，是一种多元酸，常用 H_4Y 表示，结构简式如下：

$$\begin{matrix} HOOCCH_2 & & & & CH_2COOH \\ & \diagdown & & \diagup & \\ & & NCH_2CH_2N & & \\ & \diagup & & \diagdown & \\ HOOCCH_2 & & & & CH_2COOH \end{matrix}$$

乙二胺四乙酸难溶于水，通常采用它的二钠盐($Na_2H_2Y \cdot 2H_2O$)来配制标准滴定溶液。

乙二胺四乙酸二钠盐是白色结晶粉末，易溶于水，经提纯后可作为基准物质，可用直接法配制标准滴定溶液。但提纯方法较为复杂，故在工厂和实验室中该标准滴定溶液常用间接法制备。EDTA 标准滴定溶液使用较多的是浓度为 0.02 mol·L^{-1} 的，也有使用 0.1 mol·L^{-1}，0.05 mol·L^{-1} 或 0.01 mol·L^{-1} 的。

二、配位滴定基础

1.配位滴定反应必须具备的条件

(1)形成的配合物要有足够的稳定性，即 $K_{稳} > 10^8$。

(2)在一定条件下生成配合物要有确定的组成即配位数固定。

(3)配合反应速率要快。

(4)要有适当的方法确定终点。

2.EDTA 与金属离子配位的特点

(1)EDTA 是多基配位体，可以与许多金属离子形成稳定的配合物，配位比简单，一般为 1:1。

(2)EDTA 与金属离子形成的配合物易溶于水,大多数配位反应速率快。

(3)EDTA 与无色金属离子配位时,一般形成无色螯合物,容易找到合适的指示剂指示滴定终点。

3.标定 EDTA 标准滴定溶液原理

实验室常以锌标准滴定溶液或基准物质来标定 EDTA。锌标滴定准溶液可用金属锌、氧化锌或硫酸锌等基准物质直接配制。先配制成较大量的标准滴定溶液，再取一定量来标定 EDTA。其标定应在 pH=10 的 $NH_3·H_2O-NH_4Cl$ 缓冲溶液中,以铬黑 T 为指示剂,用配好的 EDTA 溶液滴定至溶液由酒红色变为纯蓝色即为终点。

任务实施

活动 1 配制 0.02 mol·L^{-1} EDTA 标准滴定溶液 500 mL

EDTA 不是基准物质,EDTA 标准滴定溶液用间接法配制。一般用分析纯 $Na_2H_2Y·2H_2O$ 配制。

(1)计算:配制 0.02 mol·L^{-1} 的 EDTA 标准滴定溶液 500 mL 需要 EDTA 的质量,可根据下式计算。

$$m(\text{EDTA}) = c \times V \times M = 0.02 \times 0.5 \times 372.24 = 3.7\ (\text{g})$$

(2)配制:在托盘天平上称取 3.7 g 分析纯 $Na_2H_2Y·2H_2O$ 于一干净烧杯中,加水溶解,并稀释至 500 mL,搅匀,转移至试剂瓶中。

(3)标识(或贴标签)。

注意事项

若天气较冷,气温较低,可适当加热,帮助 EDTA 二钠盐溶解。

活动 2 标定 EDTA 标准滴定溶液

1.标定

(1)称取于 800 ℃灼烧至恒重的基准物质氧化锌 0.4 g(准至 0.0001 g)于烧杯中。

(2)用少量水(2~3 滴)润湿。加 2 mL(1+1)盐酸溶液使样品溶解。注意一定要完全溶解。

(3)转移至 250 mL 容量瓶中，稀释至刻度，摇匀。

(4) 取 25.00 mL 锌标准滴定溶液于 250 mL 锥形瓶中，加 50 mL 水，摇匀。

(5)边摇边滴加(2+3)氨水溶液至刚出现 $Zn(OH)_2$ 浑浊(此时溶液 pH=8)。

(6)加 10 mL pH=10 NH_3-NH_4Cl 缓冲溶液摇匀。注意观察现象！

(7)滴加 5 滴铬黑 T(EBT)指示液，摇匀。

(8)用配好的 EDTA 溶液滴定至溶液由酒红色变为纯蓝色即为终点，记录消耗体积 V_1。

(9)平行测定三次。

(10)按上法同时做空白实验，记录消耗体积 V_0。

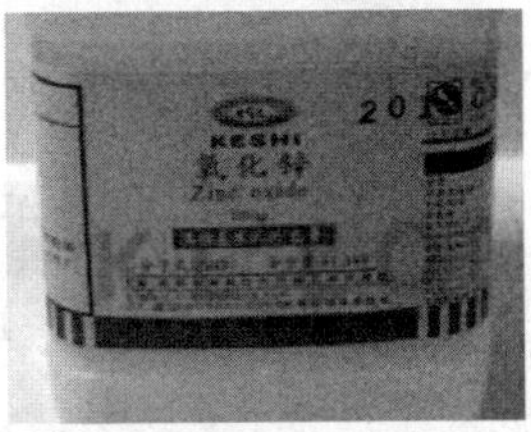

图 6-2-2 氧化锌

图 6-2-3 铬黑 T

2.标定计算式

$$c(\mathrm{EDTA}) = \frac{m \times \frac{25.00}{250.0}}{(V_1 - V_0)\cdot M(\mathrm{ZnO}) \times 10^{-3}}$$

式中 m——基准物质 ZnO 的质量，g；

$M(\mathrm{ZnO})$——基本单元 ZnO 的摩尔质量，81.39 $g\cdot moL^{-1}$；

V_1——滴定消耗 EDTA 溶液的体积，mL；

V_0——空白实验消耗 EDTA 溶液的体积，mL。

(a)准确称取氧化锌加(1+1)盐酸溶解　(b)转移至容量瓶稀释定容　(c)调酸度加铬黑 T 滴定　(d)滴定前颜色(酒红色)　(e)终点时颜色(纯蓝色)

图 6-2-4 标定 EDTA 标准滴定溶液

小贴士

缓冲溶液——能对溶液的酸度起稳定作用的溶液。

1.NH_3-NH_4Cl(pH=10)缓冲溶液的作用：一是保证铬黑 T 指示剂在滴定终点能由酒红色变为纯蓝色；二是营造碱性条件，有利于 EDTA 与金属离子的配位反应。

2.各种缓冲溶液的缓冲能力是有限的，当向缓冲溶液中加入大量的强酸强碱时，其缓冲能力就会丧失。

3.缓冲溶液缓冲能力大小可用缓冲容量来衡量。缓冲容量是使 1 L 缓冲溶液的 pH 增加 1 个单位或减少 1 个单位所需要加入强碱强酸的量。(常见缓冲溶液见附录Ⅷ)

活动 3 数据记录与处理

表 6-2-1 标定 EDTA 标准滴定溶液的原始记录与数据处理

名称 \ 编号	1#	2#	3#	空白
倾出前试样质量 m_1,g				
倾出后试样质量 m_2,g				
基准物质量 m,g				
消耗标准滴定溶液体积 V_1,mL				
标准滴定溶液浓度 c,mol·L^{-1}				
平均浓度 $\bar{c}$,mol·L^{-1}				
浓度计算公式				
极差				
相对极差,%				

想一想

1.乙二胺四乙酸 ______ 溶于水，而乙二胺四乙酸二钠 ________ 溶于水，故 EDTA 标准滴定溶液多用 _________ 试剂配制。

2.以 ZnO 基准试剂标定 EDTA 溶液时，一般是以 ____________ 为缓冲溶液调节溶液 pH=10，并以 _______ 为指示剂，滴定至溶液由 ____ 色变成 ____ 色为终点。

任务三 自来水总硬度的测定

任务目标

1.能正确使用容量分析仪器,准确测定自来水总硬度。

2.能正确使用指示剂判断终点。

3.学会液体样品含量的测定方法及结果表达。

任务分析

1.明确任务流程

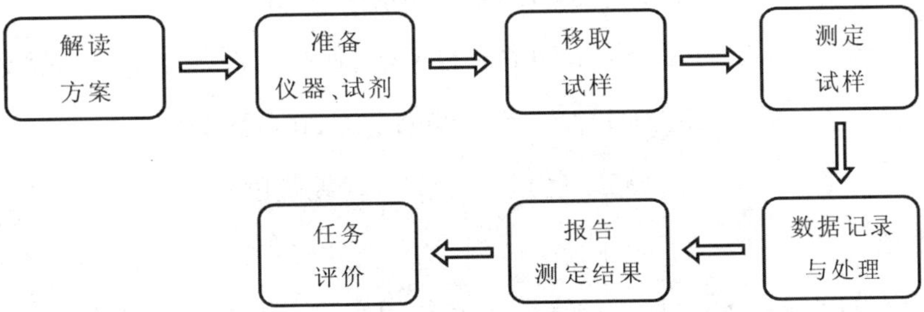

2.任务难点分析

液体样品的准确移取;判断终点;液体样品含量的测定方法。

图 6-3-1 自来水试样

3.任务前准备

仪器:移液管、烧杯、锥形瓶、碱式滴定管等。

试剂:0.02 $mol\cdot L^{-1}$ EDTA 标准滴定溶液、自来水、pH=10 的 NH_3-NH_4Cl 溶液、铬黑 T 指示剂。

相关知识

自来水总硬度的测定

水中钙镁含量的测定分为测定钙镁总量和分别测定 Ca 含量及 Mg 含量两种，下面介绍钙镁总量(即总硬度)和钙含量测定。

钙镁含量的表示方法是以每升水中含 $CaCO_3$ 的毫克数($mg\cdot L^{-1}$)表示。

一、水中钙镁总量的测定(直接滴定法)

1.原理

利用氨水–氯化铵缓冲溶液控制水样 pH=10，用铬黑 T 做指示剂。这时水中 Mg^{2+}与指示剂生成酒红色配合物($K_{MgIn^-}>K_{CaIn^-}$)。

$$Mg^{2+} + HIn^{2-} = MgIn^- + H^+$$

用 EDTA 标准滴定溶液滴定时，EDTA 先与水中 Ca^{2+}配位，再与 Mg^{2+}配位($K_{CaY}>K_{MgY}$)，即

$$Ca^{2+} + H_2Y^{2-} = CaY^{2-} + 2H^+$$

$$Mg^{2+} + H_2Y^{2-} = MgY^{2-} + 2H^+$$

到达化学计量点时，EDTA 夺取 $MgIn^-$中的 Mg^{2+}，使指示剂游离出来，显纯蓝色($K_{MgY^{2-}}>K_{MgIn^-}$)，即

$$\underset{(酒红色)}{MgIn^-} + H_2Y^{2-} = MgY^{2-} + \underset{(纯蓝色)}{HIn^{2-}} + H^+$$

2.注意事项

水样中含有 Fe^{3+}、Al^{3+}、Cu^{2+}时，对铬黑 T 有封闭作用，可加入 Na_2S 使 Cu^{2+}成为 CuS 沉淀；在碱性溶液中加入三乙醇胺掩蔽 Fe^{3+}、Al^{3+}。有 Mn^{2+}存在时，在碱性条件下可被空气氧化成 Mn^{4+}，它能将铬黑 T 氧化褪色。可在水样中加入盐酸羟胺，防止指示剂被氧化。

二、钙含量的测定

1.原理

用 NaOH 调节水样，使 pH=12，Mg^{2+}形成 $Mg(OH)_2$ 沉淀，以钙指示剂指示终点。用 EDTA 标准滴定溶液滴定，终点时溶液由酒红色变为纯蓝色。各步反应为

$$Ca^{2+} + HIn^{2-} = CaIn^- + H^+$$

$$Ca^{2+} + H_2Y^{2-} = CaY^{2-} + 2H^+$$

$$CaIn^- + H_2Y^{2-} = CaY^{2-} + HIn^{2-} + H^+$$

2.注意事项

(1)水样中含有 $Ca(HCO_3)_2$,当加碱调节 pH>12 时,$Ca(HCO_3)_2$ 形成 $CaCO_3$ 沉淀而使结果偏低。应先加入 HCl 酸化并煮沸,使 $Ca(HCO_3)_2$ 完全分解。

$$Ca(HCO_3)_2 + 2NaOH = CaCO_3\downarrow + Na_2CO_3 + 2H_2O$$

$$Ca(HCO_3)_2 + 2HCl = CaCl_2 + 2H_2O + 2CO_2\uparrow$$

(2)以 NaOH 调节溶液酸度时,用量不宜过多,否则一部分 Ca^{2+}被 $Mg(OH)_2$ 吸附,致使钙含量结果偏低。

3.测定方法

(1)移取 100.00 mL 水样于 250 mL 锥形瓶中。

(2)加入 1~2 滴盐酸使溶液酸化,煮沸 2~3 min,冷却至 40~50 ℃。

(3)加入 $c(NaOH) = 4\ mol\cdot L^{-1}$ 溶液 4 mL。

(4)加入少量钙指示剂。

(5)以 $c(EDTA) = 0.02\ mol\cdot L^{-1}$ 标准滴定溶液滴定至溶液由酒红色变为纯蓝色即为终点。记下 EDTA 溶液的体积 V_2 。同时做空白实验。

(6)平行测定三次。

$$\rho(CaCO_3) = \frac{c(EDTA)\cdot(V_2 - V_0)\cdot M(CaCO_3)}{V_{水}} \times 10^3\ mg\cdot L^{-1}$$

式中 $c(EDTA)$——EDTA 标准滴定溶液的浓度(基本单元以 Na_2H_2Y 计),$mol\cdot L^{-1}$;

V_2——测定时消耗 EDTA 溶液的体积,mL;

V_0——空白实验消耗 EDTA 溶液的体积,mL;

$V_{水}$——所取自来水样体积,mL;

$M(CaCO_3)$——$CaCO_3$ 的摩尔质量,100.09 $g\cdot mol^{-1}$。

任务实施

活动 1 自来水总硬度的测定

(1)移取水样 100.00 mL 于 250 mL 锥形瓶中。

(2)加入 1~2 滴 HCl 使试液酸化,煮沸 2~3 min 除去 CO_2,冷却。

(3)加入 3 mL 三乙醇胺溶液,5 mL pH=10 的 $NH_3\cdot H_2O-NH_4Cl$ 缓冲溶液,1 mL Na_2S 溶液。

(4)加铬黑 T 指示液 3 滴。

(5)用 $c(\mathrm{EDTA}) = 0.02\ \mathrm{mol \cdot L^{-1}}$ 标准滴定溶液滴定至溶液由酒红色变成纯蓝色。记录消耗 EDTA 溶液的体积 V_1 。

(6)平行测定三次。同时做空白实验。

(7)计算公式:以碳酸钙计算含量。

钙镁总量:

$$\rho(\mathrm{CaCO_3}) = \frac{c(\mathrm{EDTA}) \cdot (V_1 - V_0) \cdot M(\mathrm{CaCO_3})}{V_{水}} \times 10^3\ \mathrm{mg \cdot L^{-1}}$$

式中: $c(\mathrm{EDTA})$——EDTA 标准滴定溶液的浓度(基本单元以 Na_2H_2Y 计),$\mathrm{mol \cdot L^{-1}}$;

V_1——测定时消耗 EDTA 溶液的体积,mL;

V_0——空白实验消耗 EDTA 溶液的体积,mL;

$V_{水}$——所取自来水样体积,mL;

$M(\mathrm{CaCO_3})$——$CaCO_3$ 的摩尔质量,100.09 $\mathrm{g \cdot mol^{-1}}$。

(a)准确移 100.00 mL 自来水试样 (b)准备工作后加指示剂滴定 (c)滴定前颜色(酒红色) (d)终点时颜色(纯蓝色)

图 6-3-2 测定自来水总硬度

注意事项

煮沸时注意用电安全!

活动 2 数据记录与处理

表 6-3-1 自来水总硬度含量测定的原始记录与数据处理

编号 名称	1#	2#	3#	空白
移取水样体积 $V_{水}$,mL				
c(EDTA),$mol·L^{-1}$				
消耗标准滴定溶液体积 V_1,mL				
ρ (以 $CaCO_3$ 计),$mg·L^{-1}$				
$\bar{\rho}$ (以 $CaCO_3$ 计),$mg·L^{-1}$				
计算公式				
极差				
相对极差,%				

拓展提高

EDTA 配位滴定法

一、EDTA 及其配合物

1.EDTA 与金属离子配合物的稳定常数

EDTA 与金属离子的配位反应通常表示为：$M + Y \rightleftharpoons MY$

式中，M 代表金属离子 M^{n+}，Y 代表 Y^{4-}。

配位反应的平衡常数也叫配合物的稳定常数可表示为：

$$K_{MY}=\frac{[MY]}{[M][Y]} \qquad (式 6-1)$$

式 6-1 中，[MY]、[M]、[Y]分别表示配位平衡时配合物 MY、金属离子 M 和 Y 的平衡浓度。表 6-3-2 列出了 EDTA 与一些金属离子生成配合物的平衡稳定常数。

实践证明，在适当条件下，只要 $\lg K_{MY}>8$ 就可以用 EDTA 配位滴定法测定金属离子含量，即使碱土金属也可用 EDTA 滴定。

表 6-3-2 金属-EDTA 配合物的稳定常数

金属离子	$\lg K_{MY}$	金属离子	$\lg K_{MY}$	金属离子	$\lg K_{MY}$
Na^+	1.66	Ce^{3+}	15.98	Cu^{2+}	18.80
Li^+	2.79	Al^{3+}	16.30	Hg^{2+}	21.80
Ba^{2+}	7.86	Co^{2+}	16.31	Th^{4+}	23.20
Sr^{2+}	8.73	Cd^{2+}	16.46	Cr^{3+}	23.40
Mg^{2+}	8.69	Zn^{2+}	16.50	Fe^{3+}	25.10
Ca^{2+}	10.69	Pb^{2+}	18.04	V^{3+}	25.90
Mn^{2+}	13.87	Y^{3+}	18.09	Bi^{3+}	27.94
Fe^{2+}	14.32	Ni^{2+}	18.62		

2.EDTA 的离解平衡

当 H_4Y 溶解于水时，如果溶液的酸度很高，它的两个羧基可再接受两个 H^+形成 H_6Y^{2+}，使 EDTA 相当于一个六元酸(EDTA 本身是四元酸)，所以它存在六级离解平衡。

$$H_6Y^{2+} \underset{+H^+}{\overset{-H^+}{\rightleftharpoons}} H_5Y^+ \underset{+H^+}{\overset{-H^+}{\rightleftharpoons}} H_4Y \underset{+H^+}{\overset{-H^+}{\rightleftharpoons}} H_3Y^- \underset{+H^+}{\overset{-H^+}{\rightleftharpoons}} H_2Y^{2-} \underset{+H^+}{\overset{-H^+}{\rightleftharpoons}} HY^{3-} \underset{+H^+}{\overset{-H^+}{\rightleftharpoons}} Y^{4-}$$

在水溶液中，EDTA 总是以 H_6Y^{2+}、H_5Y^+、H_4Y、H_3Y^-、H_2Y^{2-}、HY^{3-}、Y^{4-}等七种形式存在。溶液中 EDTA 各种存在形式的分布图见图 6-3-3。

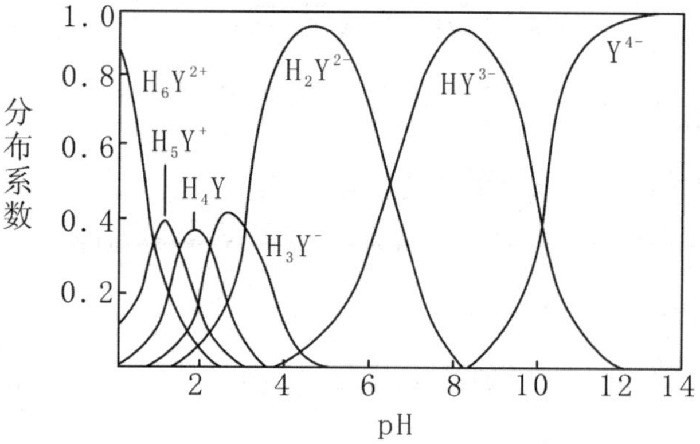

图 6-3-3 溶液中 EDTA 各种存在形式的分布图

在 EDTA 七种存在形式中，只有 Y^{4-}能与金属离子直接配位，形成的配合物最为稳定，因此溶液的酸度越低(pH 越大)，Y^{4-}的分布系数越大，EDTA 的配位能力越强。

二、配位滴定法原理

使用 EDTA 标准滴定溶液滴定金属离子 M^{n+}时，发生以下反应：

$$H_2Y^{2-} + M^{n+} \rightleftharpoons MY^{n-4} + 2H^+$$

发生配位反应的同时，产生 H^+，使被滴定溶液酸度增加。为稳定溶液的 pH 值，配位滴定中经常使用酸碱缓冲溶液。

1.滴定曲线

描述金属离子浓度[M]随滴定剂(EDTA)滴入量的变化而变化的曲线，称为配位滴定曲线。

与酸碱滴定相似，在配位滴定中被滴定的是金属离子，随着滴定剂(EDTA)的加入，金属离子的浓度[M]不断减小，当到达化学计量点附近时，金属离子的浓度发生突变，即溶液的 pM(−lg[M]) 值发生突跃，如图 6-3-4 所示。

同时，影响突跃大小的因素仍是值得关注的对象。

2.影响滴定突跃大小的主要因素

配合物的表观稳定常数和被滴定金属离子的浓度是影响滴定突跃大小的主要因素。

表观稳定常数的影响。由图 6-3-4 可以看出，配合物的表观稳定常数越大，滴定突跃也越大。决定配合物表观稳定常数的首要因素是绝对稳定常数，其次是溶液的酸度及其他配位剂的影响。

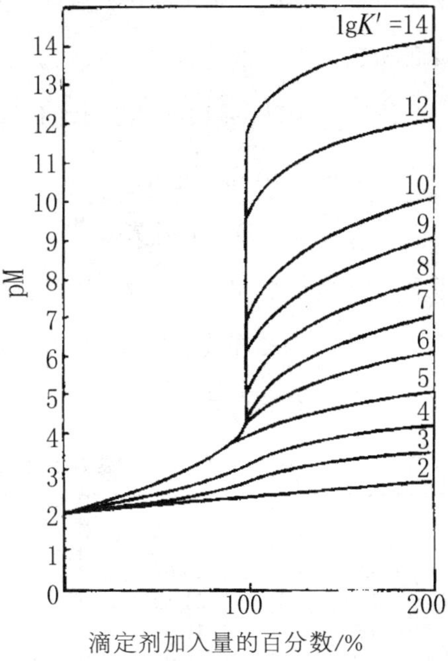

图 6-3-4 滴定曲线

(1)绝对稳定常数 K_{MY} 的影响。

当溶液的 pH 值一定时，金属离子与 EDTA 配合物的绝对稳定常数越大，其表观稳定常数也越大，滴定曲线的平台部分升高，滴定突跃增大。

(2)酸度的影响。

溶液的酸度越高，其 $\lg\alpha_{Y(H)}$越大，$\lg K'_{MY}$ 越小。这样，滴定曲线中化学计量点后的平台部分降低，滴定突跃减小。

(3)其他配位剂的作用。

其他配位剂的存在常能使 $\lg K'_{MY}$ 减小，滴定突跃也减小。

3.酸效应

由于 H^+存在，使 EDTA 参与主反应能力降低的现象，称为 EDTA 的酸效应，酸效应的

强弱用酸效应系数 $\alpha_{Y(H)}$来表示。

如果用[Y′]表示没有参加与待测金属离子 M 配位的 EDTA 的各种形式微粒的总浓度，即$[Y'] = [H_6Y] + [H_5Y] + [H_4Y] + [H_3Y] + [H_2Y] + [HY] + [Y]$，用[Y]表示平衡时游离的 Y^{4-}的浓度即平衡浓度，则酸效应系数为：

$$\alpha_{Y(H)} = \frac{[Y']}{[Y]} \qquad (式 6-2)$$

$\alpha_{Y(H)}$越大，表示参加与待测金属离子 M 配位反应的 EDTA 的浓度越小，H^+引起的副反应越严重，当酸度高于某一限度时，就不能准确滴定，这一限度就是滴定允许的最高酸度即最低 pH。

在只有酸效应时，必须要求：$\lg K_{MY} - \lg\alpha_{Y(H)} \geqslant 8$　（式 6-3）

于是有：$\lg\alpha_{Y(H)} \leqslant \lg K_{MY} - 8$　（式 6-4）

将各种金属离子的 $\lg K_{MY}$ 代入式 6-4，计算出对应的最大 $\lg\alpha_{Y(H)}$值，再从表 6-3-3 查得与之对应的最小 pH，就是滴定该金属离子的最小 pH(最高酸度)。

从表 6-3-3 的数据可以看出，溶液 pH 接近 12 时，EDTA 的酸效应很弱，由 H^+引起的副反应可以忽略不计。

表 6-3-3 EDTA 在不同 pH 时的 $\lg\alpha_{Y(H)}$值

pH	$\lg\alpha_{Y(H)}$	pH	$\lg\alpha_{Y(H)}$	pH	$\lg\alpha_{Y(H)}$
0.0	23.64	3.4	9.70	6.8	3.55
0.4	21.32	3.8	8.85	7.0	3.32
0.8	19.08	4.0	8.44	7.5	2.78
1.0	18.01	4.4	7.64	8.0	2.27
1.4	16.02	4.8	6.84	8.5	1.77
1.8	14.27	5.0	6.45	9.0	1.28
2.0	13.51	5.4	5.69	9.5	0.83
2.4	12.19	5.8	4.98	10.0	0.45
2.8	11.09	6.0	4.65	11.0	0.07
3.0	10.60	6.4	4.06	12.0	0.01

4.条件稳定常数

由于副反应的存在，配合物 MY 的稳定平衡常数必须进行修正，修正后的稳定平衡常数叫条件稳定平衡常数。在忽略待测金属离子的副反应，只考虑 EDTA 的酸效应的情况下，条件稳定平衡常数可由式 6-5 计算：

$$\lg K'_{MY} = \lg K_{MY} - \lg\alpha_{Y(H)} \qquad (式 6-5)$$

条件稳定平衡常数的大小，说明配合物 MY 在一定条件下的实际稳定程度，也是判断滴定可能性的重要依据。

项目评价

表 6-1 项目评价表

序号	考核内容	评分标准	分值	小组评价	教师评价
1	仪器准备（10分）	正确选择仪器（规格、型号）	5分		
		正确领用仪器（规格、型号）	5分		
2	溶液准备（10分）	正确领用试剂（种类、纯度、数量）	2分		
		试剂领用记录的填写正确	3分		
		正确配制所需溶液	5分		
3	测定操作（40分）	正确使用各种仪器，操作规范	10分		
		正确配制和标定EDTA的浓度	10分		
		测定自来水总硬度正确	10分		
		读数正确	5分		
		样品平行测定三次	5分		
4	团队合作（10分）	仪器清洗、归位正确，药品、仪器摆放整齐，实验台面整洁	5分		
		分工明确，各尽其职	5分		
5	数据记录、处理及测定结果（20分）	及时记录数据，记录规范、无随意涂改	3分		
		正确填写原始记录表	2分		
		计算正确	5分		
		测定结果与标准值比较≤±1.0%	5分		
		相对平均偏差≤0.2%	5分		
6	撰写分析报告（10分）	检验报告内容正确	5分		
		正确撰写检验报告	5分		
考核结果					

课后自测

一、判断题

(　　)1.用 EDTA 标准滴定溶液测定 Ca^{2+}、Mg^{2+}总量时，以铬黑 T 为指示剂，溶液的 pH 应控制在 pH=12。

(　　)2.用 EDTA 标准滴定溶液准确滴定金属离子的必要条件是 $\lg cK'_{MY} \geqslant 6$ 。

(　　)3.EDTA 与金属离子形成的配合物均无色。

(　　)4.EDTA 与金属离子配合时，不论金属离子是几价，大多数都是以 1∶1 的关系配合。

(　　)5.标定 EDTA 的基准物质有 ZnO、$CaCO_3$、MgO 等。

(　　)6.分析室常用的 EDTA 水溶液呈弱酸性。

(　　)7.铬黑 T 指示剂在 pH=7~11 范围使用，其目的是为减少干扰离子的影响。

(　　)8.金属指示剂是指示金属离子浓度变化的指示剂。

(　　)9.用 EDTA 测定水的硬度，在 pH=10.0 时测定的是 Ca^{2+}的总量。

(　　)10.在测定水硬度的过程中，加入 NH_3-NH_4Cl 是为了保持溶液酸度基本不变。

二、选择题

1.通常测定水的硬度所用的方法是(　　)。

A.酸碱滴定法　B.氧化还原滴定法　C.配位滴定法　D.沉淀滴定法

2.分析室常用的 EDTA 水溶液呈(　　)性。

A.强碱　B.弱碱　C.弱酸　D.强酸

3.某溶液主要含有 Ca^{2+}、Mg^{2+}及少量 Al^{3+}、Fe^{3+}，在 pH=10 时加入三乙醇胺后，用 EDTA 滴定，用铬黑 T 为指示剂，则测出的是(　　)的含量。

A.Mg^{2+}　B.Ca^{2+}、Mg^{2+}　C.Al^{3+}、Fe^{3+}　D.Ca^{2+}、Mg^{2+}、Al^{3+}、Fe^{3+}

4.配位滴定分析中测定单一金属离子的条件是(　　)。

A.$\lg(cK'_{MY}) \geqslant 8$　B.$cK'_{MY} \geqslant 10^{-8}$　C.$\lg(cK'_{MY}) \geqslant 6$　D.$cK'_{MY} \geqslant 10^{-6}$

5.配位滴定中，使用金属指示剂二甲酚橙，要求溶液的酸度条件是(　　)。

A.pH=6.3~11.6　B.pH=6.0　C.pH>6.0　D.pH<6.06

6.影响 EDTA 配位滴定最重要的因素是(　　)。

A.溶液的酸度　B.EDTA 与金属离子配合物不稳定

C.其他离子干扰严重　　D.能选择的指示剂很少

7.在直接配位滴定法中,终点时,一般情况下溶液显示的颜色为(　　)。

A.被测金属离子与 EDTA 配合物的颜色

B.被测金属离子与指示剂配合物的颜色

C.游离指示剂的颜色

D.金属离子与指示剂配合物和金属离子与 EDTA 配合物的混合色

三、简答题

1.什么是配位滴定法？EDTA 与金属离子的配位反应有哪些特点？

2.什么是金属指示剂？金属指示剂应具备哪些条件？

四、计算题

1.称取基准物质 ZnO 0.2000 g,用 HCl 溶解后,标定 EDTA 溶液,用去 24.00 mL,求 EDTA 标准滴定溶液的浓度。

2.在 pH=10 的氨性缓冲溶液中,以铬黑 T 为指示剂,滴定 100 mL 含 Ca^{2+}、Mg^{2+}的工业废水,消耗 c(EDTA) = 0.01016 mol·L^{-1}EDTA 标准滴定溶液 15.28 mL,计算以 $CaCO_3$(mg·L^{-1})表示的总浓度。

项目七 过氧化氢含量的测定

项目导入

过氧化氢(H_2O_2)俗称双氧水，为无色黏稠的液体。市售的 H_2O_2 是约为 30% 的水溶液，极不稳定，滴定前需先用水稀释到一定浓度，以减少取样误差。

工业品过氧化氢的含量可用高锰酸钾法测定。在稀硫酸溶液中，室温条件下，H_2O_2 被 $KMnO_4$ 定量氧化，其反应式为：

$$5H_2O_2 + 2MnO_4^- + 6H^+ = 2Mn^{2+} + 5O_2\uparrow + 8H_2O$$

根据高锰酸钾溶液的浓度和滴定所耗用的体积，可以算得溶液中过氧化氢的含量。

高锰酸钾法是利用 $KMnO_4$ 标准滴定溶液来进行滴定的氧化还原滴定法。

由于 $KMnO_4$ 在强酸性溶液中有更强的氧化能力，所以，滴定反应一般都在强酸性条件下进行。在强酸性溶液中：

$$MnO_4^- + 8H^+ + 5e^- \rightarrow Mn^{2+} + 4H_2O \quad \varphi^{\ominus} = 1.51$$

酸一般用 H_2SO_4，应避免使用 HCl 或 HNO_3，因为 HCl 具有还原性，能与 MnO^{4-}作用，而 HNO_3 具有氧化性，它可能氧化某些待测物质。

任务一 制备 $KMnO_4$ 标准滴定溶液

任务目标

1.能正确配制 $KMnO_4$ 标准滴定溶液。

2.能用基准物质草酸钠标定 $KMnO_4$ 标准滴定溶液。

3.能用 $KMnO_4$ 自身做指示剂标定。

4.能正确记录和处理标定数据，并报告结果。

5.能熟练进行分析/托盘天平、酸式滴定管的操作。

任务分析

1.明确任务流程

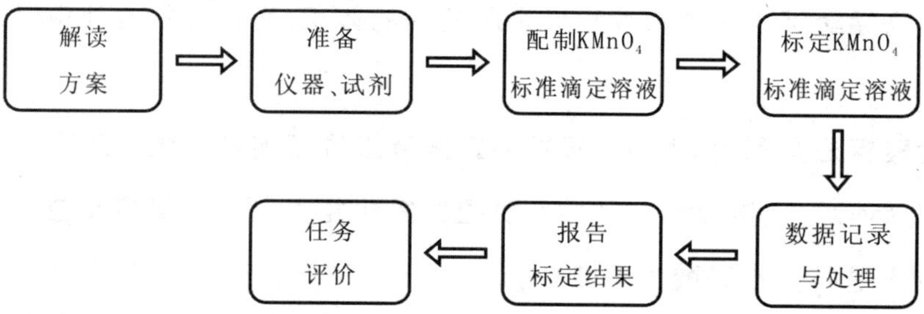

2.任务难点分析

掌握用基准物质草酸钠标定 $KMnO_4$ 标准滴定溶液的方法；熟练操作分析/托盘天平、酸式滴定管。

3.任务前准备

仪器：托盘天平、分析天平、称量瓶、酸式滴定管、锥形瓶、量筒、烧杯、玻璃棒、洗瓶等。

试剂：$KMnO_4$ (AR)、草酸钠（基准物质）、3 $mol \cdot L^{-1}$ 硫酸、高锰酸钾自身指示剂。

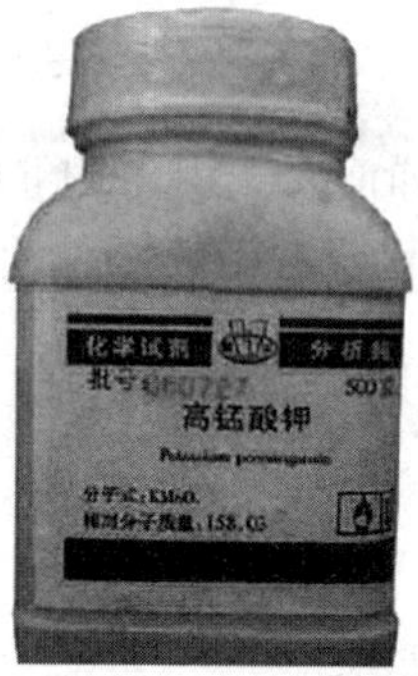

图 7-1-1 高锰酸钾试样

相关知识

$KMnO_4$ 标定的方法、特点和原理

一、$KMnO_4$ 标定的方法与特点

氧化还原滴定法是应用范围很广的一种滴定分析方法。它既可直接测定许多具有还原性或氧化性的物质，也可间接测定某些不具氧化还原性的物质，并根据待测物的性质来选择合适的指示剂。通常根据所用滴定剂的名称来命名氧化还原滴定法。下面介绍 $KMnO_4$ 滴定法。

1.还原产物与溶液酸度有关

$KMnO_4$ 是一种强氧化剂，介质条件不同时，其还原产物也不一样。

(1)在强酸性溶液中

$$MnO_4^- + 8H^+ + 5e^- \rightarrow Mn^{2+} + 4H_2O \qquad \varphi^\ominus = 1.51\ V$$

(2)在弱酸性、中性或碱性溶液中

$$MnO_4^- + 2H_2O + 3e^- \rightarrow MnO_2\downarrow + 4OH^- \qquad \varphi^\ominus = 0.59\ V$$

(3)在 pH>12 的强碱性溶液中

$$MnO_4^- + e^- \rightarrow MnO_4^{2-} \qquad \varphi^\ominus = 0.564\ V$$

由于 $KMnO_4$ 在强酸性溶液中有更强的氧化能力，所以，滴定反应一般都在强酸性条件下进行。

2.高锰酸钾法的特点

(1)$KMnO_4$ 氧化能力强，应用广泛，可直接和间接地测定多种无机物和有机物。MnO_4^- 本身有色，滴定时一般不需要另加指示剂。

(2)标准滴定溶液不够稳定，不能久置。

(3)反应历程比较复杂，易发生副反应。

(4)$KMnO_4$ 标准滴定溶液不能直接配制。

3.使用 $KMnO_4$ 法的注意事项

(1)进行滴定反应时，所用的酸一般用 H_2SO_4，应避免使用 HCl 或 HNO_3，因为 HCl 具有还原性，能与 MnO_4^- 作用；而 HNO_3 具有氧化性，它可能氧化某些待测物质。

(2)为了使滴定反应定量、快速进行，必须控制好滴定的条件，即温度、酸度和滴定速度。

(3)计算分析结果时,要注意 $KMnO_4$ 在不同介质条件下,其基本单元不同。在强酸性溶液中,基本单元为 $\frac{1}{5}$ $KMnO_4$;在弱酸性、中性或弱碱性溶液中,基本单元为 $\frac{1}{3}$ $KMnO_4$;在强碱性溶液中,基本单元为 $KMnO_4$。

二、$KMnO_4$ 标定原理

在强酸性溶液中,以 $KMnO_4$ 自身为指示剂,用 $KMnO_4$ 溶液滴定基准草酸钠至溶液为淡粉红色,且保持 30 s 不褪色为终点。

标定反应为 $5C_2O_4^{2-} + 2MnO_4^- + 16H^+ \xlongequal{75\sim85\ ℃} 2Mn^{2+} + 8H_2O + 10CO_2\uparrow$

根据基准草酸钠的质量及消耗 $KMnO_4$ 溶液体积,计算 $KMnO_4$ 标准滴定溶液的浓度。$KMnO_4$ 基本单元为 $\frac{1}{5}KMnO_4$ 。

任务实施

活动 1 配制 $c(\frac{1}{5}KMnO_4)=0.1\ mol\cdot L^{-1}$ 标准滴定溶液 500 mL

市售高锰酸钾的纯度仅在 99%左右,其中含有少量的 MnO_2 及其他杂质。同时,蒸馏水中也常含有还原性物质如尘埃、有机物等。这些物质都能使 $KMnO_4$ 还原,因此 $KMnO_4$ 标准滴定溶液不能直接配制,必须先配成近似浓度的溶液,然后再用基准物质标定。

(1)计算:配制 $0.1\ mol\cdot L^{-1}$ 的溶液 500 mL 需要高锰酸钾的质量,可根据下式计算。

$$m(KMnO_4) = c(\frac{1}{5}\ KMnO_4) \times V \times M = 0.1 \times 0.5 \times 158.03/5 = 1.6\ (g)$$

(2)配制:称取 2.0 g $KMnO_4$ 试剂溶于适量水中,加水稀释至 500 mL。缓缓煮沸 15 min,冷却后置于暗处保存两周。或者煮沸后水浴上保温 1 h。注意,在加热及放置时,均应盖上表面皿,以防尘埃及有机物等落入。以 4 号玻璃砂芯漏斗过滤于干燥的棕色瓶中。注意,过滤 $KMnO_4$ 溶液所使用的 4 号玻璃砂芯漏斗应预先以同样的 $KMnO_4$ 溶液缓缓煮沸 5 min,收集瓶也要用此滤液洗涤 2~3 次!

(3)标识(或贴标签)。

小贴士

$KMnO_4$ 采用下列步骤配制:

1.称取稍高于计算用量的 $KMnO_4$,溶于一定量的蒸馏水中,将溶液加热煮沸,保持微沸

15 min,放置 2~3 天,使可能含有的还原性物质被完全氧化。

2.用微空玻璃漏斗过滤,除去 MnO_2 沉淀,滤液移入棕色瓶中保存,以避免 $KMnO_4$ 见光分解。

注意事项

在加热及放置时,均应盖上表面皿,以防尘埃及有机物等落入。

活动 2 标定 $KMnO_4$ 标准滴定溶液

(1)称取 0.15~0.2 g 于 105~110 ℃烘至恒重的基准草酸钠,称准至 0.0001 g,加入 30 mL 蒸馏水,并溶于 10 mL 3 $mol \cdot L^{-1}$ 硫酸溶液中。

(2)将溶液加热至 70~85 ℃(开始冒蒸汽)。注意温度不能太高,更不能加热至沸!

(3)用配制好的高锰酸钾溶液滴定至溶液呈粉红色,保持 30 s,终点时温度不低于 65 ℃。

(4)同时做空白实验。

(5)平行测定三次,若滴定过程中出现棕色沉淀,应重做。

(6)计算 $KMnO_4$ 溶液浓度:

$$c(\frac{1}{5}KMnO_4) = \frac{m(Na_2C_2O_4)}{(V - V_0) \times 10^{-3} \times M(\frac{1}{2}Na_2C_2O_4)}$$

式中 $c(\frac{1}{5}KMnO_4)$——高锰酸钾标准滴定溶液的浓度,$mol \cdot L^{-1}$;

m——基准草酸钠的质量,g;

V——标定时消耗高锰酸钾标准滴定溶液的体积,mL;

V_0——空白实验消耗高锰酸钾标准滴定溶液的体积,mL。

$M(\frac{1}{2}Na_2C_2O_4)$——以 $\frac{1}{2}Na_2C_2O_4$ 为基本单元的摩尔质量,67 $g \cdot mol^{-1}$。

(a)准确称取基准草酸钠　(b)用高锰酸钾滴定　(c)滴定前颜色(无色)　(d)终点时颜色(粉红色)

图 7-1-2 标定 $KMnO_4$ 标准滴定溶液

注意事项

1.反应温度。$Na_2C_2O_4$ 溶液加热至 70~85 ℃再进行滴定。不能使温度超过 90 ℃，否则 $H_2C_2O_4$ 分解，导致标定结果偏高。近终点时溶液的温度不能低于 65 ℃。

$$H_2C_2O_4 \xrightarrow{>90\ ℃} H_2O + CO_2\uparrow + CO\uparrow$$

2.溶液酸度。应保持足够大的酸度，一般控制酸度为 0.5~1 mo1·L^{-1}。如果酸度不足，易生成 MnO_2 沉淀，酸度过高则又会使 $H_2C_2O_4$ 分解。

3.反应速度。MnO_4^- 与 $C_2O_4^{2-}$ 的反应开始很慢，当 Mn^{2+} 生成之后，反应逐渐加快。因此，开始滴定时应该等第一滴 $KMnO_4$ 溶液褪色后，再加第二滴。此后，因反应生成的 Mn^{2+} 有自动催化作用而加快了反应速率，随之可加快滴定速度，但不能过快，否则加入的 $KMnO_4$ 溶液会因来不及与 $C_2O_4^{2-}$ 反应，就在热的酸性溶液中分解。

$$4MnO_4^- + 12H^+ = 4Mn^{2+} + 6H_2O + 5O_2\uparrow$$

4.终点颜色。用 $KMnO_4$ 溶液滴定至溶液呈淡粉红且 30 s 不褪色即为终点，放置时间过长，因空气中还原性物质使 $KMnO_4$ 还原而褪色。

小贴士

自身指示剂—— $KMnO_4$ 本身显紫红色，用来滴定 $C_2O_4^{2-}$ 溶液时，反应产物 Mn^{2+} 的颜色很浅，滴定到化学计量点后，只要 $KMnO_4$ 稍微过量半滴就能使溶液呈现淡红色，指示滴定终点的到达。这种反应物在反应前后颜色发生变化从而指示滴定终点而不需另加指示剂，我们称其为自身指示剂。

活动 3 数据记录与处理

表 7-1-1 标定 $KMnO_4$ 标准滴定溶液的原始记录与数据处理

名称 \ 编号	1#	2#	3#	空白
倾出前试样质量 m_1,g				
倾出后试样质量 m_2,g				
基准物质量 m,g				
消耗标准滴定溶液体积 V,mL				
标准滴定溶液浓度 c(mol·L^{-1})				

续表

名称 \ 编号	1#	2#	3#	空白
平均浓度 $\bar{c}$(mol·L^{-1})				
浓度计算公式				
极差				
相对极差,%				

想一想

1.在常用的三酸中,$KMnO_4$ 法所采用的酸通常是______,即______和______两种酸一般不宜使用。

2.以基准 $Na_2C_2O_4$ 试剂标定 $KMnO_4$ 溶液浓度时,滴定适宜温度为______,不能高于______,低于______,该滴定适宜酸度是______。

3.配制 $c(\frac{1}{5}KMnO_4)=0.5000\ mol·L^{-1}$ 的 $KMnO_4$ 标准滴定溶液 500 mL,需称取 $KMnO_4$ 的质量为多少克?

任务二 过氧化氢含量的测定

任务目标

1.能正确使用容量分析仪器,准确测定过氧化氢含量。

2.能正确使用指示剂判断终点。

3.学会液体样品含量的测定方法。

任务分析

1.明确任务流程

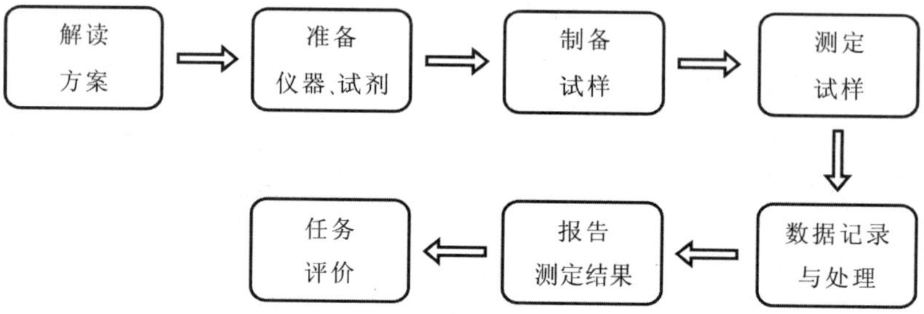

2.任务难点分析

液体样品的移取方法；判断终点；液体样品含量的测定方法。

3.任务前准备

仪器：移液管、容量瓶、烧杯、酸式滴定管等。

试剂：0.1 mol·L^{-1} $KMnO_4$ 标准滴定溶液、过氧化氢试样、3 mol·L^{-1} 硫酸、高锰酸钾自身指示剂。

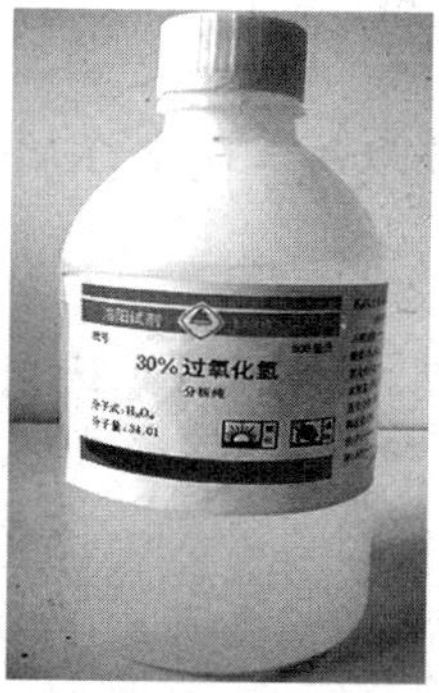

图 7-2-1 过氧化氢试样

相关知识

氧化还原滴定的基本原理

一、滴定曲线

在氧化还原滴定过程中，随着滴定剂的加入，溶液中各电对的电极电位不断发生变化。

这种变化与酸碱滴定、配位滴定过程一样，也可用滴定曲线来描述。其横坐标为标准溶液的加入量，纵坐标为电对的电极电位。如图 7-2-2 所示。

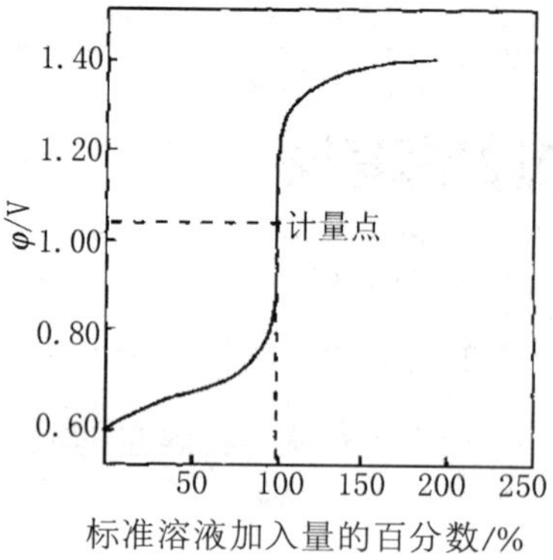

图 7-2-2 氧化还原滴定曲线

二、氧化还原滴定法终点的确定

在氧化还原滴定过程中，除了用电位法确定终点以外，还可以借用某些物质颜色的变化来确定滴定终点，这类物质就是氧化还原滴定法的指示剂。氧化还原滴定法中常用的指示剂有下列几种类型。

1.标准滴定溶液自身做指示剂

在氧化还原滴定中,有些标准滴定溶液或被滴定的物质本身有颜色,反应的生成物为无色或颜色很浅,反应物颜色的变化可用来指示滴定终点的到达,这类物质称为自身指示剂。例如,在高锰酸钾法中,高锰酸钾标准滴定溶液本身显紫红色,在酸性溶液中滴定无色或浅色的还原剂时,MnO_4^-被还原为无色的Mn^{2+},因而滴定到达计量点以后稍为过量的$KMnO_4$(浓度仅为$2 \times 10^{-6}\ mol \cdot L^{-1}$)就可以使溶液呈粉红色,以指示滴定终点的到达。

2.专属指示剂

有些物质本身不具有氧化还原性,但它能与滴定剂或待测组分产生特殊的颜色,从而达到指示滴定终点的目的,这类指示剂称为专属指示剂或显色指示剂。例如,可溶性淀粉与I_3^-生成深蓝色吸附化合物,反应特效且灵敏。当I_2被还原为I^-时蓝色消失,因此,可用蓝色的出现或消失指示滴定终点的达到。碘量法中常用可溶性淀粉溶液作为指示剂。

3.氧化还原指示剂

这类指示剂本身是氧化剂或还原剂，其氧化型和还原型具有不同的颜色，在滴定过程中,随着溶液电极电位的变化而发生颜色的变化,从而指示滴定终点。

在选择指示剂时,应选择条件电位在滴定电位突跃范围内,且尽量接近反应化学计量点的电位。常用的氧化还原指示剂列于附录Ⅲ。

各种氧化还原指示剂都具有特有的条件电位，只要指示剂的条件电位落在滴定的突跃范围内就可选用。指示剂的条件电位越接近化学反应计量点的电位,滴定误差就越小。

三、测定过氧化氢试样原理

在酸性溶液中,以$KMnO_4$自身为指示剂,直接用$KMnO_4$标准滴定溶液滴定双氧水。

其反应为:$2MnO_4^- + 5H_2O_2 + 6H^+ \rightleftharpoons 2Mn^{2+} + 8H_2O + 5O_2\uparrow$

根据$KMnO_4$标准滴定溶液的用量计算H_2O_2的含量。H_2O_2的半反应为:

$$H_2O_2 - 2e^- = 2H^+ + O_2\uparrow$$

任务实施

活动1 过氧化氢试样的制备

(1)准确移取2.00 mL市售双氧水,注入装有约100 mL蒸馏水的250 mL容量瓶中。

(2)加水稀释,平摇后,稀释至刻度,摇匀,待用。

(a)移取过氧化氢试样 (b)移入装有100 mL蒸馏水的容量瓶中 (c)稀释、定容、摇匀

图7-2-3 制备过氧化氢试样

注意事项

1.过氧化氢具有强氧化性,使用和移取试样时,严禁溅出,防止洒落在实验台、皮肤、衣服上。

2.在容量瓶中要预先加入一定量的蒸馏水,防止过氧化氢挥发。

活动2 测定过氧化氢试样的含量

(1)精确移取2.00 mL双氧水试样于250 mL容量瓶中,加水稀释至刻度,摇匀。用移液管吸取25.00 mL放入一盛有10 mL 3 mol·L^{-1}硫酸溶液的250 mL锥形瓶中。

(2)用$c(\frac{1}{5}KMnO_4)=0.1\ mol\cdot L^{-1}$溶液滴定至溶液呈微红色,并在30 s内不消失即为终点。记录消耗$KMnO_4$的体积数,计算试样中H_2O_2的含量。

(3)平行测定三次。同时做空白实验。

(4)计算H_2O_2的含量公式为:

$$\rho(H_2O_2)=\frac{c(\frac{1}{5}KMnO_4)\cdot(V-V_0)\times M(\frac{1}{2}H_2O_2)}{V_{样}\times\frac{25.00}{250.0}}\times10^3$$

式中 $\rho(H_2O_2)$——双氧水的质量浓度，$mg \cdot L^{-1}$；

$c(\frac{1}{5}KMnO_4)$——高锰酸钾标准滴定溶液的浓度，$mol \cdot L^{-1}$；

V——测定时消耗高锰酸钾标准滴定溶液的体积，mL；

V_0——空白实验消耗高锰酸钾标准滴定溶液的体积，mL；

$V_{样}$——移取试样溶液的体积，mL；

$M(\frac{1}{2}H_2O_2)$——以$\frac{1}{2}H_2O_2$为基本单元的摩尔质量，$17.00\ g \cdot mo1^{-1}$。

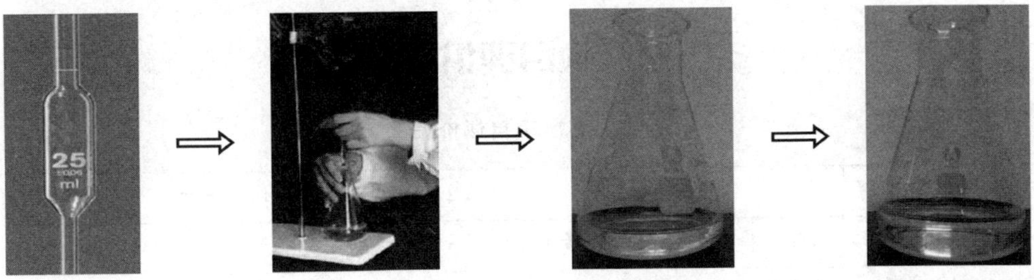

(a)准确移25.00 mL过氧化氢试样　(b)用高锰酸钾滴定　(c)滴定前颜色(无色)　(d)终点时颜色(微红色)

图 7-2-4 测定过氧化氢试样的含量

活动 3 数据记录与处理

表 7-2-1 过氧化氢含量测定的原始记录与数据处理

名称 \ 编号	1#	2#	3#	空白
移取样品的体积 V_1，mL				
稀释后移取试样体积 V_2，mL				
移取试样体积 $V_{样}$，mL				
$c(\frac{1}{2}KMnO_4)$，$mol \cdot L^{-1}$				
消耗标准滴定溶液体积 V，mL				
待测物含量 $\rho(H_2O_2)$，$mg \cdot L^{-1}$				
平均含量 $\bar{\rho}(H_2O_2)$，$mg \cdot L^{-1}$				
计算公式				
极差				
相对极差，%				

注意事项

1.滴定开始时，反应较慢，但不能加热，以防 H_2O_2 分解。

2.滴定速度也应慢一些。有 Mn^{2+} 生成后，反应可快一些。

3.滴定速度不宜太快，防止滴定过量。

想一想

1.氧化还原滴定法中常用的指示剂有几种类型？

2.氧化还原指示剂的选择原则如何？

3.在常用指示剂中，$KMnO_4$ 属于________指示剂，可溶性淀粉属于________指示剂，二苯胺磺酸钠、邻二氮菲铁盐属于________指示剂。

项目评价

表 7–1 项目评价表

序号	考核内容	评分标准	分值	小组评价	教师评价
1	仪器准备（10 分）	正确选择仪器（规格、型号）	5 分		
		正确领用仪器（规格、型号）	5 分		
2	溶液准备（10 分）	正确领用试剂（种类、纯度、数量）	2 分		
		试剂领用记录的填写正确	3 分		
		正确配制所需溶液	5 分		
3	测定操作（40 分）	正确使用各种仪器，操作规范	10 分		
		正确配制和标定 $KMnO_4$ 的浓度	10 分		
		正确测定过氧化氢含量	10 分		
		读数正确	5 分		
		样品平行测定三次	5 分		
4	团队合作（10 分）	仪器清洗、归位正确，药品、仪器摆放整齐，实验台面整洁	5 分		
		分工明确，各尽其职	5 分		
5	数据记录、处理及测定结果（20 分）	及时记录数据，记录规范、无随意涂改	3 分		
		正确填写原始记录表	2 分		
		计算正确	5 分		
		测定结果与标准值比较 $\leqslant \pm 1.0\%$	5 分		
		相对平均偏差 $\leqslant 0.2\%$	5 分		
6	撰写分析报告（10 分）	检验报告内容正确	5 分		
		正确撰写检验报告	5 分		
考核结果					

课后自测

一、判断题

(　　)1.$KMnO_4$ 标准滴定溶液是直接配制的。

(　　)2.$KMnO_4$ 标准滴定溶液贮存在白色试剂瓶中。

(　　)3.$KMnO_4$ 滴定草酸时,加入第一滴 $KMnO_4$ 时,颜色消失很慢,这是由于溶液中还没有生成能使反应加速进行的 Mn^{2+}。

(　　)4.高锰酸钾法滴定分析,是在弱酸性条件下滴定。

(　　)5.高锰酸钾法在强酸性下进行,其所用的酸为 HNO_3。

(　　)6.在滴定时,$KMnO_4$ 溶液要放在碱式滴定管中。

(　　)7.在用草酸钠标定高锰酸钾溶液时,溶液加热的温度不得超过 45 ℃。

(　　)8.配制 $KMnO_4$ 标准滴定溶液时,需要将 $KMnO_4$ 溶液煮沸一定时间并放置数天,配好的 $KMnO_4$ 溶液要用滤纸过滤后才能保存。

(　　)9.配制好的 $KMnO_4$ 溶液要盛放在棕色瓶中保存,如果没有棕色瓶应放在避光处保存。

(　　)10.用高锰酸钾法测定 H_2O_2 时,需通过加热来加速反应。

二、选择题

1.$KMnO_4$ 滴定所需的介质是(　　)。

A. 硫酸　　B. 盐酸　　C. 磷酸　　D. 硝酸

2.标定 $KMnO_4$ 标准滴定溶液所需的基准物质是(　　)。

A. $Na_2S_2O_3$　　B. $K_2Cr_2O_7$　　C. Na_2CO_3　　D. $Na_2C_2O_4$

3.对于高锰酸钾法,下列说法错误的是(　　)。

A. 可在盐酸介质中进行滴定　　B. 直接法可测定还原性物质

C. 标准滴定溶液用标定法制备　　D. 在硫酸介质中进行滴定

4.高锰酸钾法滴定溶液常用的酸碱条件是(　　)。

A. 弱酸　　B. 弱碱　　C. 中性　　D. 强酸

5.高锰酸钾法应在强酸性溶液中进行,所用强酸是(　　)。

A. H_2SO_4　　B. HNO_3　　C. HCl　　D. $HClO_4$

6.高锰酸钾一般不能用于(　　)。

A. 直接滴定　　B. 间接滴定　　C. 返滴定　　D. 置换滴定

7.在用 $KMnO_4$ 法测定 H_2O_2 含量时,为加快反应可加入(　　)。

A. H_2SO_4　　B. $MnSO_4$　　C. $KMnO_4$　　D. NaOH

8.在用 $Na_2C_2O_4$ 标定 $KMnO_4$ 时,终点颜色保持(　　)不变。

A. 1 min　　B. 30 s　　C. 2 min　　D. 45 s

9.在酸性介质中,用 $KMnO_4$ 溶液滴定草酸盐溶液时,滴定应(　　)。

A. 像酸碱滴定那样快速进行

B. 始终缓慢地进行

C. 在开始时缓慢,以后逐步加快,近终点时又减慢滴定速度

D. 开始时快,然后减慢

10.在酸性介质中,用 $KMnO_4$ 溶液滴定草酸盐溶液,滴定应(　　)。

A. 在室温下进行

B. 将溶液煮沸后即进行

C. 将溶液煮沸,冷至 85 ℃进行

D. 将溶液加热到 75~85 ℃时进行

三、简答题

1.什么是高锰酸钾法?有什么特点?

2.如何配制高锰酸钾标准滴定溶液?

四、计算题

1.配制 1 L $c(\frac{1}{5}KMnO_4) = 0.1\ mol\cdot L^{-1}$ 的 $KMnO_4$ 溶液,应称取 $KMnO_4$ 多少克?

2.用基准物质 $Na_2C_2O_4$ 标定 $c(\frac{1}{5}KMnO_4) = 0.1\ mol\cdot L^{-1}$ 的 $KMnO_4$ 标准滴定溶液,欲消耗 $KMnO_4$ 溶液 20.00~30.00 mL,计算需要称取基准物质 $Na_2C_2O_4$ 的质量范围。

项目八 铁矿石中铁含量的测定

项目导入

铁矿石是钢铁生产企业的重要原材料，天然矿石(铁矿石)经过破碎、磨碎、磁选、浮选、重选等程序逐渐选出铁。它是含有铁元素或铁化合物能够经济利用的矿物集合体。

自然界铁矿石的种类很多，用于炼铁的主要有磁铁矿(Fe_3O_4)、赤铁矿(Fe_2O_3)和菱铁矿($FeCO_3$)等。

重铬酸钾法是测铁的国家标准方法。在测定合金、矿石、金属盐及硅酸盐等的含铁量时具有很大实用价值。

重铬酸钾法是利用 $K_2Cr_2O_7$ 标准滴定溶液来进行滴定的氧化还原滴定法。

$K_2Cr_2O_7$ 是一种较强的氧化剂，在酸性溶液中与还原性物质作用被还原为绿色的 Cr^{3+}。

$$Cr_2O_7^{2-} + 14H^+ + 6e^- \rightleftharpoons 2Cr^{3+} + 7H_2O \qquad \varphi^{\ominus}(Cr_2O_7^{2-}/Cr^{3+}) = 1.33\ V$$

式中 $K_2Cr_2O_7$ 的基本单元为 $\frac{1}{2}$ $K_2Cr_2O_7$ 。

$K_2Cr_2O_7$ 法具有以下特点：

(1)$K_2Cr_2O_7$ 容易提纯，基准试剂在 140~150 ℃烘至质量恒定就可以准确称量，用直接法配制标准滴定溶液，不必标定。

(2)$K_2Cr_2O_7$ 标准滴定溶液相当稳定，长期密闭保存浓度不变。

(3)室温下不与 Cl^-作用，故可在 HCl 溶液中进行滴定。

(4)应用 $K_2Cr_2O_7$ 标准滴定溶液滴定时，常用二苯胺磺酸钠氧化还原指示剂。

任务一 认识及配制二苯胺磺酸钠指示剂

任务目标

1.认识二苯胺磺酸钠指示剂。

2.了解氧化还原指示剂的变色原理和变色范围。

3.能正确配制和选择合适的氧化还原指示剂。

任务分析

1.明确任务流程

认识氧化还原指示剂 ⇒ 配制氧化还原指示剂 ⇒ 选择氧化还原指示剂

2.任务难点分析

能正确配制二苯胺磺酸钠指示剂;能正确选择氧化还原指示剂。

3.任务前准备

仪器:托盘天平、量筒、烧杯、滴瓶、玻璃棒等。

试剂:二苯胺磺酸钠指示剂。

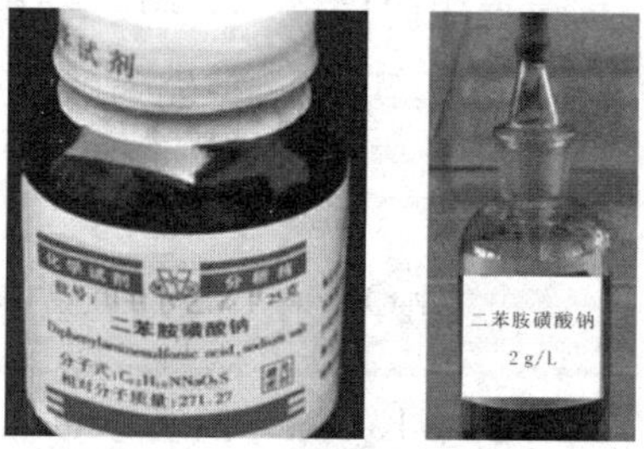

图 8–1–1 二苯胺磺酸钠

相关知识

氧化还原指示剂

这类指示剂本身是氧化剂或还原剂，其氧化型和还原型具有不同的颜色，在滴定过程中,随着溶液电极电位的变化而发生颜色的变化,从而指示滴定终点。

在选择指示剂时,应使条件电位在滴定电位突跃范围内,且尽量接近反应化学计量点的电位。

任务实施

活动 1 配制 2 g·L^{-1} 二苯胺磺酸钠指示剂溶液 100 mL

(1)计算:配制 2 g·L^{-1} 的溶液 100 mL 需要二苯胺磺酸钠的质量,可根据下式计算。

$$m(\text{二苯胺磺酸钠}) = \rho \times V = 2 \times 0.1 = 0.2\ (\text{g})$$

(2)配制:在托盘天平上称取 0.2 g 二苯胺磺酸钠于一干净烧杯中,加水溶解,并稀释至 100 mL,搅匀,转移至试剂瓶中。

(3)标识(或贴标签)。

任务二 制备 $K_2Cr_2O_7$ 标准滴定溶液

任务目标

1.能正确配制 $K_2Cr_2O_7$ 标准滴定溶液。

2.能用硫代硫酸钠标准滴定溶液标定。

3.能用淀粉做指示剂标定。

4.能正确记录和处理标定数据,并报告结果。

5.能熟练进行分析天平、碱式滴定管的操作。

任务分析

1.明确任务流程

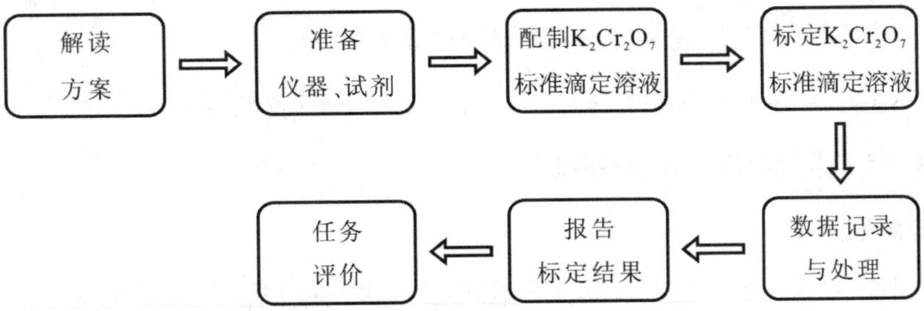

2.任务难点分析

掌握用准确浓度的硫代硫酸钠标定 $K_2Cr_2O_7$ 标准滴定溶液的方法；熟练操作分析天平、碱式滴定管。

3.任务前准备

仪器：分析天平、移液管、碱式滴定管、锥形瓶、量筒、烧杯、玻璃棒、洗瓶等。

试剂：$K_2Cr_2O_7$(AR)、0.1 $mo \cdot L^{-1}$ $Na_2S_2O_3$ 标准滴定溶液、固体碘化钾(AR)、5 $g \cdot L^{-1}$ 淀粉指示剂、3 $mol \cdot L^{-1}$ 的 H_2SO_4 溶液。

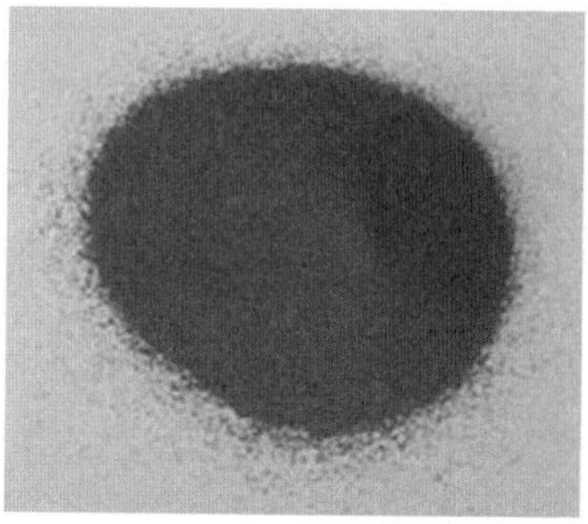

图 8–2–1 固体 $K_2Cr_2O_7$ 试样

相关知识

重铬酸钾法

一、$K_2Cr_2O_7$ 的方法与特点

1.方法

$K_2Cr_2O_7$ 是一种较强的氧化剂，在酸性介质中被还原为绿色的 Cr^{3+}。

$$Cr_2O_7^{2-} + 14H^+ + 6e^- \xlongequal{\quad} 2Cr^{3+} + 7H_2O \qquad \varphi^\ominus = 1.33\ V$$

式中 $K_2Cr_2O_7$ 的基本单元为($\frac{1}{6}K_2Cr_2O_7$)。

2.特点

$K_2Cr_2O_7$ 法具有以下特点：

(1)$K_2Cr_2O_7$ 容易提纯，基准试剂在 140~150 ℃烘至质量恒定就可以准确称量，用直接法配制标准滴定溶液，不必标定。

(2)$K_2Cr_2O_7$ 标准滴定溶液相当稳定，长期密闭保存浓度不变。

(3)室温下不与 Cl^-作用，故可在 HCl 溶液中进行滴定。

(4)应用 $K_2Cr_2O_7$ 标准滴定溶液滴定时，常用二苯胺磺酸钠做氧化还原指示剂。

二、$K_2Cr_2O_7$ 标准滴定溶液的制备

1.直接法配制

$K_2Cr_2O_7$ 非常稳定，容易提纯，标准溶液可用直接法配制。通常是配制前将 $K_2Cr_2O_7$ 在 140~150 ℃烘至恒重。

其浓度求算公式为 $c(\frac{1}{6}K_2Cr_2O_7) = \frac{m}{(V_1 - V_0) \times M(\frac{1}{6}K_2Cr_2O_7) \times 10^{-3}}$

【例如】配制 250.0 mL $c(\frac{1}{6}K_2Cr_2O_7) = 0.1\ mol \cdot L^{-1}$ 重铬酸钾标准滴定溶液应称取的质量是:

$$m = c(\frac{1}{6}K_2Cr_2O_7) \times V \times 10^{-3} \times M(\frac{1}{6}K_2Cr_2O_7)$$

$$= 0.1 \times 0.25 \times 49 = 1.2\ (g)$$

2.间接法配制

使用非基准试剂 $K_2Cr_2O_7$,则按 GB/T 601—2016 进行配制和标定。即先配成近似浓度的溶液,再用碘量法进行标定。

标定原理:移取一定体积的 $K_2Cr_2O_7$ 溶液,加入过量的 KI 和 H_2SO_4,用已知浓度的 $Na_2S_2O_3$ 标准滴定溶液进行滴定,以淀粉为指示剂指示滴定终点,其反应式为:

$$Cr_2O_7^{2-} + 6I^- + 14H^+ = 2Cr^{3+} + 3I_2 + 7H_2O$$

$$I_2 + 2S_2O_3^{2-} = S_4O_6^{2-} + 2I^-$$

计算重铬酸钾标准滴定溶液的浓度公式为:

$$c(\frac{1}{6}K_2Cr_2O_7) = \frac{(V_1 - V_0) \cdot c(Na_2S_2O_3)}{V}$$

式中 $c(\frac{1}{6}K_2Cr_2O_7)$——重铬酸钾标准滴定溶液的浓度,$mol \cdot L^{-1}$;

$c(Na_2S_2O_3)$——硫代硫酸钠标准滴定溶液的浓度,$mol \cdot L^{-1}$;

V_1——滴定时消耗硫代硫酸钠标准滴定溶液的体积,mL;

V_0——空白实验消耗硫代硫酸钠标准滴定溶液的体积,mL;

V——重铬酸钾标准滴定溶液的体积,mL。

任务实施

活动 1 配制 $c(\frac{1}{6}K_2Cr_2O_7)=0.1\ mol \cdot L^{-1}$ 标准滴定溶液 500 mL

(1)计算:配制 0.1 $mol \cdot L^{-1}$ 的溶液 500 mL 需要重铬酸钾的质量,可根据下式计算。

$$m = c(\frac{1}{6}K_2Cr_2O_7) \times V \times 10^{-3} \times M(\frac{1}{6}K_2Cr_2O_7)$$

$$= 0.1 \times 0.5 \times 49 = 2.45\ (g)$$

(2)配制：称取 2.45 g(准确至 0.0001 g)烘干的基准物质 $K_2Cr_2O_7$ 于小烧杯中，用适量的水溶解，定量转移至 500 mL 容量瓶中，稀释至刻度，充分摇匀。根据称取的质量准确计算 $K_2Cr_2O_7$ 标准滴定溶液的浓度。

(3)标识(或贴标签)。

注意事项

1.直接法配制时基准重铬酸钾在使用前要做烘干处理。

2.溶解要完全。

3.转移溶液时要防止溶液丢失。

活动 2 标定 $K_2Cr_2O_7$ 标准滴定溶液

(1)移取 25.00 mL 配制好的重铬酸钾溶液于碘量瓶中。

(2)加 2 g 碘化钾及 20 mL 硫酸溶液，摇匀，于暗处放置 10 min。注意加酸的速度要快；密闭并水封！

(3)加 150 mL 水，用 $c(Na_2S_2O_3) = 0.1\ mol \cdot L^{-1}$ 标准滴定溶液滴定。

(4)近终点时加 3 mL 淀粉指示液。注意掌握好加淀粉指示液的时机！

(5)继续滴定至溶液由蓝色变为亮绿色为终点。记录消耗 $Na_2S_2O_3$ 标准滴定溶液的体积数。

(6)平行测定三次。同时做空白实验。

(7)计算重铬酸钾标准滴定溶液的浓度公式为：

$$c(\frac{1}{6}K_2Cr_2O_7) = \frac{(V_1 - V_0) \cdot c(Na_2S_2O_3)}{V}$$

式中 $c(\frac{1}{6}K_2Cr_2O_7)$——重铬酸钾标准滴定溶液的浓度，$mol \cdot L^{-1}$；

$c(Na_2S_2O_3)$——硫代硫酸钠标准滴定溶液的浓度，$mol \cdot L^{-1}$；

V_1——滴定时消耗硫代硫酸钠标滴定准溶液的体积，mL；

V_0——空白实验消耗硫代硫酸钠标准滴定溶液的体积，mL；

V——重铬酸钾标准滴定溶液的体积，mL。

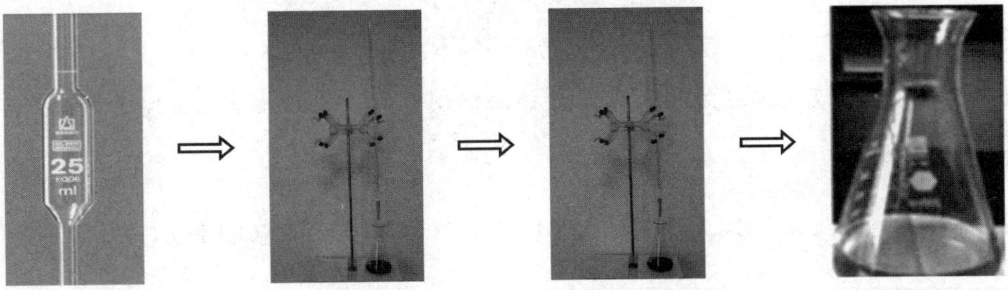

(a)准确移取重铬酸钾溶液 (b)用硫代硫酸钠滴定 (c) 滴定前颜色(蓝色) (d)终点时颜色(亮绿色)

图 8-2-2 标定 $K_2Cr_2O_7$ 标准滴定溶液

小贴士

1.加入过量 KI 和 H_2SO_4,不仅为了加快反应速度,也为防止 I_2 的挥发。

2.由于 I^- 在酸性溶液中易被空气中的 O_2 氧化,I_2 见光易分解,故需置于暗处避光。

3.标定的第一步反应需在强酸性溶液中进行,而 $Na_2S_2O_3$ 和 I_2 的反应必须在弱酸性或中性溶液中进行,因此需要加水稀释(加 150 mL 水)以降低酸度。另外稀溶液也有利于终点颜色的观察。

活动 3 数据记录与处理

表 8-2-1 标定 $K_2Cr_2O_7$ 标准溶液的原始记录与数据处理

名称 \ 编号	1#	2#	3#	空白
移取 $K_2Cr_2O_7$ 溶液体积 V,mL				
$Na_2S_2O_3$ 标准滴定溶液浓度 $c(Na_2S_2O_3)$,$mol \cdot L^{-1}$				
消耗 $Na_2S_2O_3$ 标准滴定溶液体积 V_1,mL				
$K_2Cr_2O_7$ 标准滴定溶液浓度 $c(\frac{1}{6}K_2Cr_2O_7)$,$mol \cdot L^{-1}$				
平均浓度 $\bar{c}$,$mol \cdot L^{-1}$				
浓度计算公式				
极差				
相对极差,%				

想一想

1.$K_2Cr_2O_7$标准滴定溶液为什么可用直接法配制？直接法配制$K_2Cr_2O_7$标准滴定溶液时应注意哪些问题？

2.$c(K_2Cr_2O_7)$和$c(\frac{1}{6}K_2Cr_2O_7)$之间有何关系？配制$c(K_2Cr_2O_7)$和$c(\frac{1}{6}K_2Cr_2O_7)$均为0.1000 mo1·L^{-1}的标准滴定溶液，所需称取基准$K_2Cr_2O_7$的质量是否相等？

3.基准$K_2Cr_2O_7$在保存过程中吸收了部分水分，用此试剂配制标准滴定溶液时对浓度有无影响？若有影响，影响结果如何？

任务三　铁矿石中铁含量的测定

任务目标

1.掌握铁矿石试样的溶解方法。

2.能正确使用分析天平及容量分析仪器，以及准确测定铁矿石中铁含量并能计算结果。

3.能正确使用二苯胺磺酸钠指示剂判断终点。

任务分析

1.明确任务流程

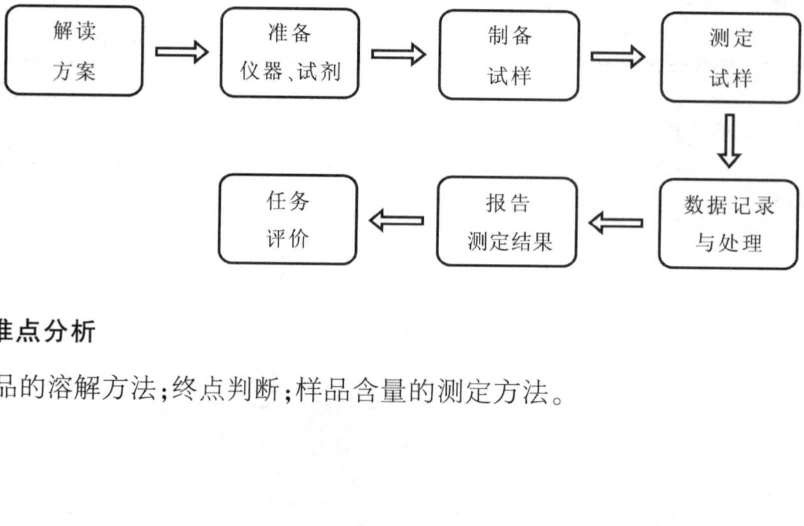

2.任务难点分析

固体样品的溶解方法；终点判断；样品含量的测定方法。

3.任务前准备

仪器：酸式滴定管、小烧杯、50 mL 量筒、100 mL 容量瓶、锥形瓶、分析天平等。

试剂：0.1 mol·L^{-1} $K_2Cr_2O_7$ 标准滴定溶液、铁矿石试样、浓 HCl、5%$SnCl_2$ 溶液、$TiCl_3$ 溶液、25%Na_2WO_4 溶液、硫酸–磷酸混酸、2 g·L^{-1} 二苯胺磺酸钠。

图 8–3–1 铁矿石试样

相关知识

硫酸–磷酸混酸

一、测定中加 H_3PO_4 的目的

其目的有两个，一是降低 Fe^{3+}/Fe^{2+} 电对的电极电位，使滴定突跃范围增大，让二苯胺磺酸钠变色点的电位落在滴定突跃范围之内；二是与滴定反应的产物生成无色的 $[Fe(HPO_4)_2]^-$ 或 $[Fe(PO_4)]^{3-}$，消除黄色 Fe^{3+} 的干扰，有利于滴定终点的观察。

二、硫酸–磷酸混酸溶液的配制

100 mL 浓 H_2SO_4 缓慢加入 250 mL 水中，冷却后再加 150 mL 浓 H_3PO_4，混匀。

任务实施

活动 1 铁矿石试样的制备

准确称取 0.1~0.12 g 铁矿石试样，水湿润后加 5~6 mL 浓 HCl，水浴加热至铁屑全部溶解，溶液呈黄色，再加 5~6 滴 $SnCl_2$ 至溶液呈浅黄色，后用 80 mL 水稀释，再滴加 1 滴 Na_2WO_4，后滴加 $TiCl_3$ 至溶液呈蓝色，再用滴管滴加几滴 $CuSO_4$ 至溶液蓝色刚好消失。

活动 2 测定铁矿石中铁的含量

1.滴定

将上述试液加水稀释至约 150 mL，加入 15 mL 混合酸、二苯胺磺酸钠指示剂 5~6 滴，立即用 $c(\frac{1}{6}K_2Cr_2O_7)$=0.1 mol·L^{-1} 的标准滴定溶液滴定，溶液呈紫色为终点。记录消耗$K_2Cr_2O_7$

标准滴定溶液的体积 V_1，计算铁矿石中铁的含量。

2.结果计算

$$\omega(Fe)=\frac{c(\frac{1}{6}K_2Cr_2O_7)\cdot(V_1-V_0)\cdot M(Fe)\times10^{-3}}{m_s}\times100\%$$

式中 $c(\frac{1}{6}K_2Cr_2O_7)$——重铬酸钾标准滴定溶液的浓度，$mol\cdot L^{-1}$；

V_1——滴定消耗重铬酸钾标准滴定溶液的体积，mL；

V_0——空白实验消耗重铬酸钾标准滴定溶液的体积，mL；

$M(Fe)$——铁的摩尔质量，$g\cdot mol^{-1}$；

m_s——试样质量，g；

$\omega(Fe)$——全铁的质量分数。

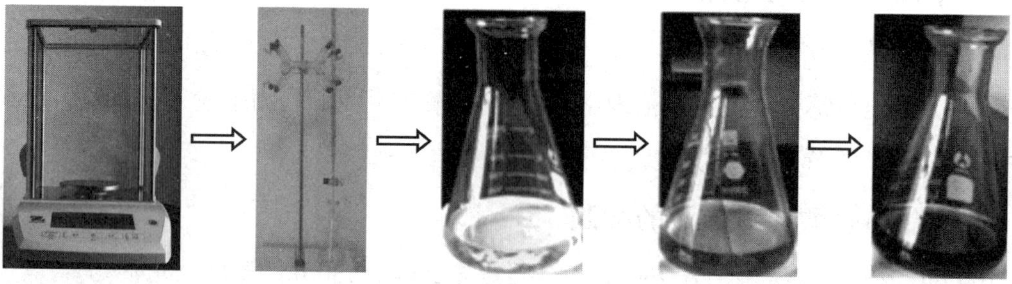

(a)准确称取铁矿石试样，用浓盐酸溶解　(b)用 $K_2Cr_2O_7$ 滴定　(c)滴定前颜色（无色）　(d)滴定中颜色（绿色）　(e)终点时颜色（紫色）

图 8-3-2 测定铁矿石中铁的含量

注意事项

1.用 $SnCl_2$ 还原 Fe^{3+}时，溶液温度不能太低，否则反应速度慢，黄色褪去不易观察，易使 $SnCl_2$ 过量。

2.用 $TiCl_3$ 还原 Fe^{3+}时，溶液温度也不能太低，否则反应速度慢，易使 $TiCl_3$ 过量。

3.在硫酸-磷酸混酸中 Fe^{3+}/Fe^{2+}电对的电极电位降低，Fe^{2+}更易被氧化，故不应放置而应立即滴定。

想一想

1.滴定时加入硫酸-磷酸混酸起何作用？

2.用 $K_2Cr_2O_7$ 测铁时，为什么要加入硫酸-磷酸混酸溶液？

3.加有 H_2SO_4 的 Fe^{2+}待测溶液在空气中放置 1 h 后再滴定，对测定结果有何影响？

活动 3 数据记录与处理

表 8-3-1 铁矿石中铁含量测定的原始记录与数据处理

名称 \ 编号	1#	2#	3#	空白
倾出前铁矿石试样质量 m_1,g				
倾出后铁矿石试样质量 m_2,g				
试样质量 m_s,g				
$c(\frac{1}{6}K_2Cr_2O_7)$,$mol \cdot L^{-1}$				
消耗标准滴定溶液体积 V_1,mL				
待测物含量 $\omega(Fe)$,%				
平均含量 $\overline{\omega}(Fe)$,%				
计算公式				
极差				
相对极差,%				

拓展提高

铁矿石中铁含量的测定原理

铁矿石中的铁以氧化物形式存在。试样经盐酸分解后,在热的浓盐酸溶液中用 $SnCl_2$ 将大部分 Fe^{3+}还原为 Fe^{2+},再加入钨酸钠做指示剂,剩余的 Fe^{3+}用 $TiCl_3$ 溶液还原为 Fe^{2+},过量 $TiCl_3$ 使钨酸钠的 W^{6+}还原为 W^{5+}(蓝色,俗称钨蓝)。除去过量 $TiCl_3$ 和 W^{5+},可加几滴 $CuSO_4$ 溶液,摇动至蓝色刚好褪去。最后,以二苯胺磺酸钠做指示剂,用 $K_2Cr_2O_7$ 标准滴定溶液滴至紫色为终点。主要反应式如下:

$$Fe_2O_3 + 6HCl = 2Fe^{3+} + 6Cl^- + 3H_2O$$

$$2Fe^{3+} + Sn^{2+} = 2Fe^{2+} + Sn^{4+}$$

$$Fe^{3+} + Ti^{3+} = Fe^{2+} + Ti^{4+}$$

$$6Fe^{2+} + Cr_2O_7^{2-} + 14H^+ = 6Fe^{3+} + 2Cr^{3+} + 7H_2O$$

滴定过程生成的 Fe^{3+}呈黄色,影响终点的判断。可加入 H_3PO_4,使之与 Fe^{3+}生成无色 $[Fe(HPO_4)_2]^-$或$[Fe(PO_4)_2]^{3-}$,减小 Fe^{3+}浓度;同时,可降低 Fe^{3+}/Fe^{2+}电对的电极电位,使指示剂变色电位范围与反应物的电极电位具有更接近的 φ 值(φ=0.85 V),获得更好的滴定结果。

项目评价

表 8–1 项目评价表

序号	考核内容	评分标准	分值	小组评价	教师评价
1	仪器准备（10 分）	正确选择仪器（规格、型号）	5 分		
		正确领用仪器（规格、型号）	5 分		
2	溶液准备（10 分）	正确领用试剂（种类、纯度、数量）	2 分		
		试剂领用记录的填写正确	3 分		
		正确配制所需溶液	5 分		
3	测定操作（40 分）	正确使用各种仪器，操作规范	10 分		
		正确配制和标定 $K_2Cr_2O_7$ 的浓度	10 分		
		正确测定铁矿石中铁含量	10 分		
		读数正确	5 分		
		样品平行测定三次	5 分		
4	团队合作（10 分）	仪器清洗、归位正确，药品、仪器摆放整齐，实验台面整洁	5 分		
		分工明确，各尽其职	5 分		
5	数据记录、处理及测定结果（20 分）	及时记录数据，记录规范、无随意涂改	3 分		
		正确填写原始记录表	2 分		
		计算正确	5 分		
		测定结果与标准值比较 $\leqslant \pm 1.0\%$	5 分		
		相对平均偏差 $\leqslant 0.2\%$	5 分		
6	撰写分析报告（10 分）	检验报告内容正确	5 分		
		正确撰写检验报告	5 分		
考核结果					

课后自测

一、判断题

(　　)1.$K_2Cr_2O_7$ 标准滴定溶液常采用直接法配制。

(　　)2.由于 $K_2Cr_2O_7$ 容易提纯，干燥后可作为基准物质直接配制标准滴定溶液，不必标定。

(　　)3.$K_2Cr_2O_7$ 标准滴定溶液滴定 Fe^{2+}，既能在硫酸介质中进行，又能在盐酸介质中进行。

(　　)4.用于重铬酸钾法的酸性介质只能是硫酸，而不能用盐酸。

(　　)5.重铬酸钾法的终点，由于 Cr^{3+}的绿色影响观察，常采取的措施是加较多的水稀释。

(　　)6.用重铬酸钾法测定铁含量时，$K_2Cr_2O_7$ 的基本单元应取 $K_2Cr_2O_7$ 。

二、选择题

1.以 $K_2Cr_2O_7$ 标定 $Na_2S_2O_3$ 标准滴定溶液时，滴定前加水稀释是为了(　　)。

A. 便于滴定操作　B. 保持溶液的弱酸性　C. 防止淀粉凝聚　D. 防止碘挥发

2.以 $K_2Cr_2O_7$ 为基准物质标定 $Na_2S_2O_3$ 溶液，应选用的指示剂是(　　)。

A. 酚酞　B. 二甲酚橙　C. 淀粉　D. 二苯胺磺酸钠

3.影响氧化还原反应平衡常数的因素是(　　)。

A. 反应物浓度　B. 催化剂　C. 温度　D. 诱导作用

4.用重铬酸钾法测定 Fe^{2+}，可选用下列哪种指示剂？(　　)

A. 甲基红-溴甲酚绿　B. 二苯胺磺酸钠　C. 铬黑 T　D. 自身指示剂

5.重铬酸钾法测定铁时，加入硫酸的作用主要是(　　)。

A. 降低 Fe^{3+}浓度　B. 增加酸度　C. 防止沉淀　D. 使变色明显

6.重铬酸钾法测铁含量时，加入 H_3PO_4 的作用主要是(　　)。

A. 防止沉淀　B. 提高酸度

C. 降低 Fe^{3+}/Fe^{2+}电位，使突跃范围增大　D. 防止 Fe^{2+}氧化

7.下列物质中可用于直接配制标准滴定溶液的是(　　)。

A. NaOH(GR)　B. 固体 $K_2Cr_2O_7$(GR)　C. 固体 $Na_2S_2O_3$(AR)　D. 浓 HCl(AR)

8.配制 500 mL 的 0.1000 $mol\cdot L^{-1}(\frac{1}{6}K_2Cr_2O_7)$溶液，称量 $K_2Cr_2O_7$ 基准物质(　　)。

A. 2.45 g　B. 2.452 g　C. 4.903 g　D. 2.4515 g

三、简答题

什么是重铬酸钾法？有什么特点？

四、计算题

1.配制 $c(\frac{1}{6}K_2Cr_2O_7) = 0.1\ mol\cdot L^{-1}$ 的 $K_2Cr_2O_7$ 溶液 500 mL 时，应称取重铬酸钾多少克？

2.称取铁矿石 0.2000 g，经处理后滴定时消耗 $c(\frac{1}{6}K_2Cr_2O_7) = 0.1000\ mol\cdot L^{-1}$ 的 $K_2Cr_2O_7$ 标准溶液 24.82 mL，计算铁矿石中铁的含量。

项目九 维生素 C 含量的测定

项目导入

维生素 C 能防治坏血病，又称“抗坏血酸”。多年来经动物实验和临床研究发现，维生素 C 可以降低血胆固醇含量，增强免疫力，增加毛细血管弹性，促进创口和手术切口愈合，防治感冒，促进生长发育，防治慢性汞、铅等金属中毒，延缓衰老，预防肿瘤等。所以，除治病外，目前有意识地服用维生素 C 的人也较多，特别是一些中老年人更是喜欢长期服用。

维生素 C 的测定采用氧化还原滴定法。

方法原理：维生素 C 分子中的烯二醇基具有还原性，能被 I_2 定量地氧化成二酮基。其反应为：

$$-\underset{\displaystyle OH}{\underset{|}{C}}=\underset{\displaystyle OH}{\underset{|}{C}}-+I_2 \rightleftharpoons -\underset{\displaystyle O}{\underset{\|}{C}}-\underset{\displaystyle O}{\underset{\|}{C}}-+2I^-+2H^+$$

在弱酸性溶液中，以淀粉为指示剂，用 I_2 标准滴定溶液直接滴定维生素 C，至溶液呈蓝色为终点，由 I_2 标准滴定溶液的用量及样品的质量计算维生素 C 的含量。

任务一 认识及配制淀粉指示剂

任务目标

1.认识淀粉指示剂。

2.了解氧化还原指示剂的变色原理和变色范围。

3.能熟练正确配制淀粉指示剂和正确选择合适的氧化还原指示剂。

任务分析

1.明确任务流程

认识淀粉指示剂 ⇒ 配制淀粉指示剂 ⇒ 选择氧化还原指示剂

2.任务难点分析

能正确配制淀粉指示剂;能正确选择氧化还原指示剂。

3.任务前准备

仪器:托盘天平、量筒、烧杯、滴瓶、玻璃棒等。

试剂:淀粉指示剂。

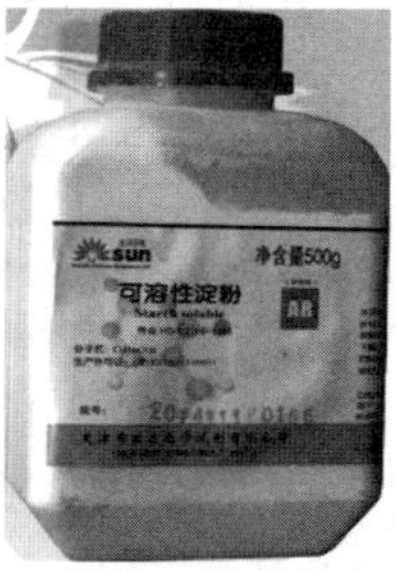

图 9-1-1 淀粉试样

相关知识

淀粉指示剂

在碘量法中一般采用淀粉作为指示剂。淀粉与 I_3^- 形成深蓝色吸附化合物，此反应很灵敏,当 I_2 的浓度为 1×10^{-5} mo1·L^{-1} 时,仍然能观察到蓝色。其灵敏度除与 I_2 的浓度有关以外,还与淀粉的性质及其加入的时间、温度及反应介质等条件有关。

(1)直接碘量法的终点是由无色变为蓝色。

(2)间接碘量法的终点是由蓝色变为无色。

在间接碘量法中,淀粉应在近终点时加入(溶液呈浅黄色),以防止 I_2 被淀粉包裹,使终点提前且不明显。

淀粉指示剂的用量一般为 2~5 mL(5 $g \cdot L^{-1}$ 淀粉指示液)。

任务实施

活动1 配制5 $g \cdot L^{-1}$ 淀粉指示剂溶液100 mL

(1)计算:配制5 $g \cdot L^{-1}$ 的淀粉指示剂溶液100 mL需要淀粉的质量,可根据下式计算。

$$m(\text{淀粉}) = \rho \times V = 5 \times 0.1 = 0.5\ (\text{g})$$

(2)配制:在托盘天平上称取0.5 g可溶性淀粉放入小烧杯中,加5 mL水使其成糊状,在搅拌下将糊状物加到90 mL沸腾的水中,煮沸1~2 min,冷却后转移至100 mL的试剂瓶中,稀释至100 mL。

(3)贴上标签。

任务二 制备 I_2 标准滴定溶液

任务目标

1.掌握 I_2 标准滴定溶液的配制、保存和标定方法。

2.掌握标定 I_2 标准滴定溶液的原理和浓度的计算。

3.会用淀粉做指示剂进行标定。

4.能正确记录和处理标定数据,并报告结果。

5.能熟练进行移液管、碱式滴定管的操作。

任务分析

1.明确任务流程

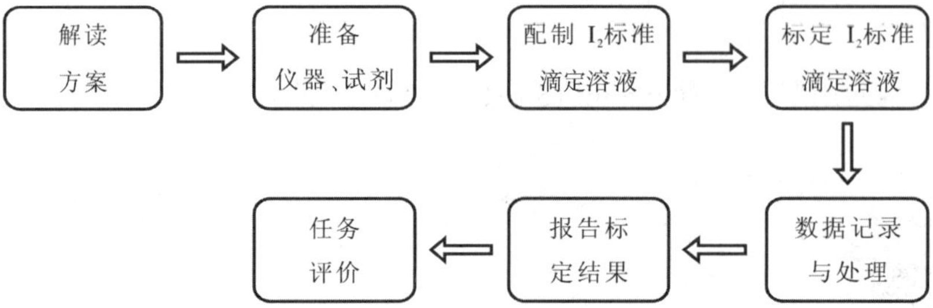

2.任务难点分析

用准确浓度的硫代硫酸钠标定 I_2 标准滴定溶液的方法；熟练操作移液管、碱式滴定管。

3.任务前准备

仪器：托盘天平、移液管、碱式滴定管、碘量瓶、量筒、烧杯、玻璃棒、洗瓶等。

试剂：I_2(AR)、0.1 $mol\cdot L^{-1}$ $Na_2S_2O_3$ 标准滴定溶液(制备参见项目十)、5 $g\cdot L^{-1}$ 淀粉指示剂。

图 9-2-1 固体碘、碘化钾

相关知识

碘量法简介

一、碘量法

碘量法是利用 I_2 的氧化性和 I^-的还原性来进行滴定的方法，其基本反应：

$$I_2 + 2e^- \rightleftharpoons 2I^-$$

固体 I_2 在水中溶解度很小(298 K 时为 1.18×10^{-3} $mol\cdot L^{-1}$)且易于挥发，通常将 I_2 溶解于 KI 溶液中，此时它以 I_3^-配离子形式存在，其半反应为：

$$I_3^- + 2e^- \rightleftharpoons 3I^- \qquad \varphi^{\ominus} = 0.545\ V$$

从 $\varphi^{\ominus}$ 值看出，I_2 是较弱的氧化剂，能与较强的还原剂作用；I^-是中等强度的还原剂，能与许多氧化剂作用,因此,碘量法可分为直接碘量法和间接碘量法两种。

1.直接碘量法

利用氧化剂 I_2 做标准滴定溶液直接滴定还原性物质,这种方法称直接碘量法,又叫碘滴定法。

2.间接碘量法

在一定条件下用 I^- 还原,产生等物质的量的 I_2,然后用 $Na_2S_2O_3$ 标准滴定溶液滴定析出的 I_2,这种方法称间接碘量法,又称滴定碘法。

反应式为:$2S_2O_3^{2-} + I_2 = 2I^- + S_4O_6^{2-}$

说明:制备 $Na_2S_2O_3$ 标准滴定溶液见项目十。

3.指示剂

在碘量法中一般采用淀粉作为指示剂。(详细介绍见任务一)

4.碘量瓶

碘量瓶是指在锥形瓶口上使用磨口塞子,并且加一水封槽,用于碘量分析,盖塞子后以水封瓶口。一般为碘量法测定中专用的一种锥形瓶。如图 9-2-2 所示。

图 9-2-2 碘量瓶

二、I_2 标准滴定溶液的制备

1.配制

用升华法制得的纯碘,可直接配制成标准滴定溶液。但通常是用市售的碘先配成近似浓度的碘溶液。

2.标定

用基准试剂或已知准确浓度的 $Na_2S_2O_3$ 标准滴定溶液来标定碘溶液的准确浓度。由于 I_2 几乎不溶于水,易溶于 KI 溶液,故配制时应将碘、碘化钾与少量水一起研磨后再用水稀释,并保存在棕色试剂瓶中待标定。

任务实施

活动1 配制 $c(\frac{1}{2}I_2)=0.1\ mol\cdot L^{-1}$ 标准滴定溶液 500 mL

(1)计算:配制 $0.1\ mol\cdot L^{-1}$ 的 I_2 标准滴定溶液 500 mL 需要的 I_2 质量,可根据下式计算。

$$m(I_2)=c(\frac{1}{2}I_2)\times V\times M=0.1\times 0.5\times 126.9=6.3\ (g)$$

(2)配制:在托盘天平上称取 6.5 g 碘及 17.5 g 碘化钾放于研钵中,加入 10~15 mL 水,仔细研磨,使其全部溶解。注意,一定要全部溶解后才能稀释!转移至棕色试剂瓶中,稀释至 500 mL,摇匀,待标定。

(3)标识(或贴标签)。

注意事项

1.碘标准滴定溶液要保存在棕色试剂瓶中,滴定时选用棕色酸式滴定管,碘与乳胶管会发生化学反应。

2.配制碘标准滴定溶液时,过量的 KI 存在,可增加 I_2 的溶解度,同时能增加碘溶液的稳定性。

想一想

1.配制 I_2 标准滴定溶液时为什么要加入一定量的 KI?

2.标准滴定溶液为何不能长时间保存,一般要在使用前标定?

活动2 标定 I_2 标准滴定溶液

1.用 $Na_2S_2O_3$ 标准滴定溶液标定

(1)准确量取 25.00 mL $c(\frac{1}{2}I_2)=0.1\ mol\cdot L^{-1}$ 的碘标准滴定溶液,置于碘量瓶中。

(2)加 100 mL 水,用 $c(Na_2S_2O_3)=0.1\ mol\cdot L^{-1}$ 的硫代硫酸钠标准滴定溶液滴定。

(3)近终点时加入 3 mL 淀粉指示液。继续滴定至蓝色消失。

(4)平行测定三次。同时做空白实验。

2.计算碘溶液的浓度公式

$$c(\frac{1}{2}I_2) = \frac{c(Na_2S_2O_3) \cdot (V_1 - V_0)}{V}$$

式中 $c(\frac{1}{2}I_2)$——碘标准滴定溶液的浓度,$mol \cdot L^{-1}$;

$c(Na_2S_2O_3)$——硫代硫酸钠标准滴定溶液的浓度,$mol \cdot L^{-1}$;

V_1——滴定时消耗硫代硫酸钠标准滴定溶液的体积,mL;

V_0——空白实验消耗硫代硫酸钠标准滴定溶液的体积,mL;

V——碘标准滴定溶液的体积,mL。

(a)准确移取碘溶液 (b)用硫代硫酸钠滴定 (c)滴定前颜色(蓝色) (d)终点时颜色(无色)

图 9-2-3 标定 I_2 标准滴定溶液

想一想

用 I_2 标准滴定溶液标定 $Na_2S_2O_3$ 标准滴定溶液时,应控制什么条件?能否在酸性条件下进行?

小贴士

防止 I_2 挥发的方法:

1.加入过量的KI(一般比理论值大2~3倍),由于生成 I_3^-,可减少 I_2 的损失。

2.反应时溶液的温度不能太高,一般在室温下进行。

3.滴定开始时不要剧烈摇动溶液,尽量轻摇、慢摇,但是必须摇匀,局部过量的 $Na_2S_2O_3$ 会自行分解。当 I_2 的黄色已很浅时,加入淀粉指示液后再充分摇动。

4.间接碘量法的滴定反应要在碘量瓶中进行。为使反应完全,加入KI后要放置一会儿,一般不超过5 min,放置时用水封住瓶口。

活动 3 数据记录与处理

表 9-2-1 标定 I_2 标准滴定溶液的原始记录与数据处理

编号 名称	1#	2#	3#	空白
移取 I_2 标准滴定溶液体积 V,mL				
$Na_2S_2O_3$ 标准滴定溶液浓度 c,$mol\cdot L^{-1}$				
滴定时消耗 $Na_2S_2O_3$ 标准滴定溶液体积 V_1,mL				
I_2 标准滴定溶液浓度 $c(\frac{1}{2}I_2)$,$mol\cdot L^{-1}$				
平均浓度 $\bar{c}(\frac{1}{2}I_2)$,$mol\cdot L^{-1}$				
浓度计算公式				
极差				
相对极差,%				

任务三 维生素 C 含量的测定

任务目标

1.掌握用直接碘量法测定维生素 C 含量的原理和方法。

2.掌握用淀粉做指示剂确定直接碘量法的滴定终点。

任务分析

1.明确任务流程

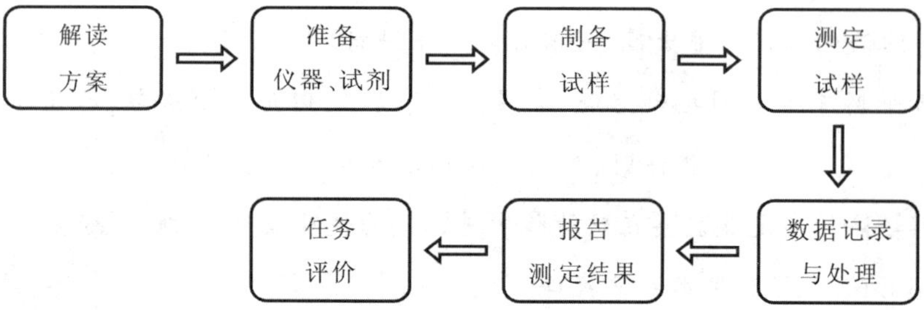

2.任务难点分析

终点判断；样品含量的测定方法。

3.任务前准备

仪器：分析天平、锥形瓶、量筒、烧杯、酸式滴定管等。

试剂：0.1 $mol \cdot L^{-1}$ I_2 标准滴定溶液、维生素 C 试样、2 $mol \cdot L^{-1}$ HAc、0.5%淀粉指示液、KI(固体、分析纯)。

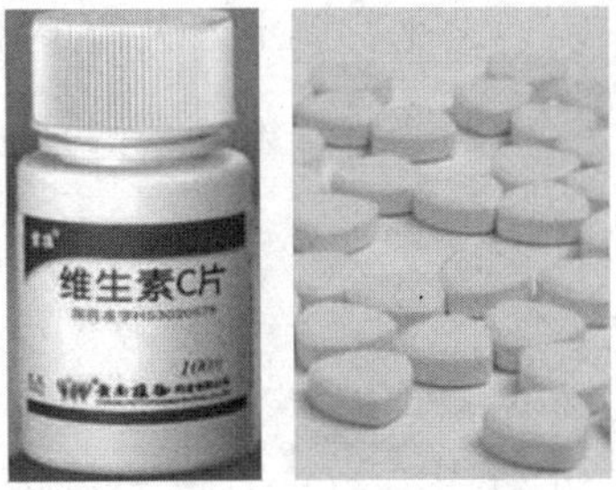

图 9-3-1 维生素 C 试样

相关知识

直接碘量法测定还原性物质——维生素 C 含量的原理

维生素 C 又名抗坏血酸，简称 VC，是预防和治疗坏血病及促进身体健康、抵抗疾病传染的医药，也是分析中常用的掩蔽剂。

分子中的烯二醇基具有还原性，能被 I_2 定量地氧化成二酮基。其反应为：

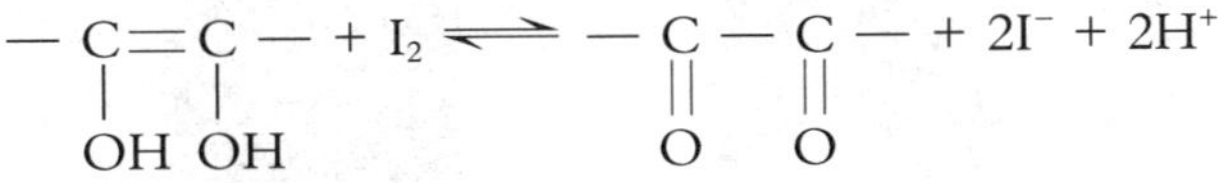

在弱酸性溶液中，以淀粉为指示剂，用 I_2 标准滴定溶液直接滴定维生素 C，溶液呈蓝色时为终点，由 I_2 标准滴定溶液的用量及样品的质量计算维生素 C 的含量。

在反应中，一分子维生素 C 与一分子 I_2 定量反应，相当于一分子维生素 C 失去两个电子，故：$M(\frac{1}{2}VC) = \frac{M(VC)}{2} = 88.07\ (g \cdot mol^{-1})$

任务实施

活动 1 测定维生素 C 的含量

(1)准确称取研细的样品 0.2 g，放于锥形瓶中，加入 100 mL 新煮沸过的冷蒸馏水、10 mL 2 $mol \cdot L^{-1}$ HAc。

(2)加 2 mL 淀粉指示液，立即用 $c(\frac{1}{2}I_2) = 0.1\ (mol \cdot L^{-1})$ 的 I_2 标准滴定溶液滴定，溶液呈稳定的蓝色时为终点。

(3)平行测定三次,同时做空白实验。

(4)分析结果计算:

$$\omega(VC)=\frac{c(\frac{1}{2}I_2)\cdot(V-V_0)\cdot M(\frac{1}{2}VC)\times10^{-3}}{m_{样}}\times100\%$$

式中 $c(\frac{1}{2}I_2)$——碘标准滴定溶液的浓度,$mol\cdot L^{-1}$;

V——滴定消耗碘标准滴定溶液的体积,mL;

V_0——空白实验消耗碘标准滴定溶液的体积,mL;

$m_{样}$——样品的质量,g;

$M(\frac{1}{2}VC)$——$\frac{1}{2}$VC 的摩尔质量,88.07 $g\cdot mol^{-1}$。

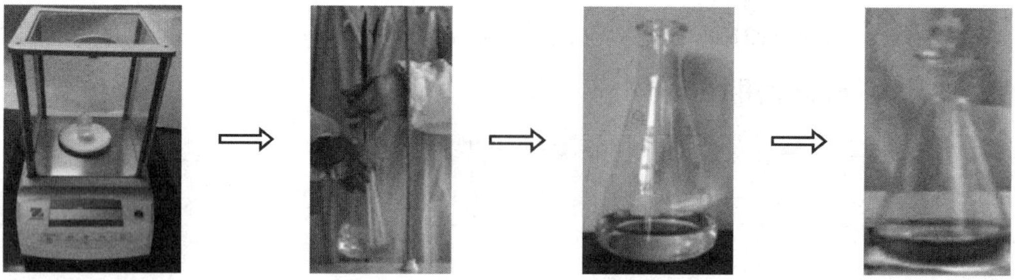

(a)准确称取维生素 C 试样　(b)用 I_2 标准滴定溶液滴定　(c)滴定前颜色(无色)　(d)终点时颜色(蓝色)

图 9-3-2 测定维生素 C 的含量

活动 2 数据记录与处理

表 9-3-1 维生素 C 含量测定的原始记录与数据处理

编号 名称	1#	2#	3#	空白
倾出前维生素 C 试样质量 m_1,g				
倾出后维生素 C 试样质量 m_2,g				
试样质量 m,g				
碘标准滴定溶液浓度 $c(\frac{1}{2}I_2)$,$mol\cdot L^{-1}$				
消耗碘标准滴定溶液体积 V,mL				

续表

名称＼编号	1#	2#	3#	空白
待测物含量 ω(VC),%				
平均含量 $\overline{\omega}$(VC),%				
计算公式				
极差				
相对极差,%				

想一想

1.为什么溶样时使用新煮沸的冷蒸馏水？

2.维生素 C 为什么能用直接碘量法测定？

3.测定时为什么在待测溶液中加醋酸？

项目评价

表 9–1　项目评价表

序号	考核内容	评分标准	分值	小组评价	教师评价
1	仪器准备（10 分）	正确选择仪器(规格、型号)	5 分		
		正确领用仪器(规格、型号)	5 分		
2	溶液准备（10 分）	正确领用试剂(种类、纯度、数量)	2 分		
		试剂领用记录的填写正确	3 分		
		正确配制所需溶液	5 分		
3	测定操作（40 分）	正确使用各种仪器，操作规范	10 分		
		正确配制和标定 I_2 标准滴定溶液	10 分		
		正确测定维生素 C 含量	10 分		
		读数正确	5 分		
		样品平行测定三次	5 分		
4	团队合作（10 分）	仪器清洗、归位正确，药品、仪器摆放整齐，实验台面整洁	5 分		
		分工明确，各尽其职	5 分		

续表

序号	考核内容	评分标准	分值	小组评价	教师评价
5	数据记录、处理及结果（20分）	及时记录数据，记录规范、无随意涂改	3分		
		正确填写原始记录表	2分		
		计算正确	5分		
		测定结果与标准值比较≤±1.0%	5分		
		相对平均偏差≤0.2%	5分		
6	撰写分析报告（10分）	检验报告内容正确	5分		
		正确撰写检验报告	5分		
考核结果					

课后自测

一、判断题

(　　)1.标定 I_2 溶液时，既可以用 $Na_2S_2O_3$ 滴定 I_2 溶液，也可以用 I_2 滴定 $Na_2S_2O_3$ 溶液，且都采用淀粉指示剂。这两种情况下加入淀粉指示剂的时间是相同的。

(　　)2. 配制 I_2 标准滴定溶液时，加入 KI 的目的是增大 I_2 的溶解度，以降低 I_2 的挥发性和提高淀粉指示剂的灵敏度。

(　　)3.配制 I_2 溶液时要滴加 KI。

(　　)4.配制碘溶液时应先将碘溶于较浓的 KI 溶液中，再加水稀释。

(　　)5.应用直接碘量法时，需要在接近终点前加淀粉指示剂。

(　　)6.直接碘量法以淀粉为指示剂滴定时，指示剂必须在接近终点时加入，终点是从蓝色变为无色。

二、选择题

1.标定 I_2 标准滴定溶液的基准物质是(　　)。

A.As_2O_3　　B.$K_2Cr_2O_7$　　C.Na_2CO_3　　D.$H_2C_2O_4$

2.碘量法滴定的酸度条件为(　　)。

A.弱酸　　B.强酸　　C.弱碱　　D.强碱

3.碘量法使用的$Na_2S_2O_3$溶液，常用(　　)做基准物质标定。

A.Na_2CO_3　　B.$Na_2C_2O_4$　　C.$KMnO_4$　　D.$K_2Cr_2O_7$

4.淀粉是一种(　　)指示剂。

A.自身　　B.氧化还原型　　C.专属　　D.金属

5.配制I_2标准滴定溶液时，是将I_2溶解在(　　)中。

A.水　　B.KI溶液　　C.HCl溶液　　D.KOH溶液

6.下列氧化还原滴定指示剂属于专用的是(　　)。

A.二苯胺磺酸钠　　B.次甲基蓝　　C.淀粉溶液　　D.高锰酸钾

7.在碘量法中，淀粉是专属指示剂，当溶液呈蓝色时，这是(　　)。

A.碘的颜色　　B.I^-的颜色

C.游离碘与淀粉生成物的颜色　　D.I^-与淀粉生成物的颜色

8.直接碘量法应控制的条件是(　　)。

A.强酸性条件　　B.强碱性条件　　C.中性或弱酸性条件　　D.什么条件都可以

9.下列几种标准滴定溶液一般采用直接法配制的是(　　)。

A.$KMnO_4$标准滴定溶液　　B.I_2标准滴定溶液

C.$K_2Cr_2O_7$标准滴定溶液　　D.$Na_2S_2O_3$标准滴定溶液

项目十 硫酸铜($CuSO_4 \cdot 5H_2O$)含量的测定

项目导入

五水合硫酸铜($CuSO_4 \cdot 5H_2O$)也被称作硫酸铜晶体,俗称蓝矾、胆矾或铜矾。具有催吐,祛腐,解毒,治风痰壅塞、喉痹、癫痫、牙疳、口疮、烂弦风眼、痔疮、肿毒的功效并且有一定的副作用。

硫酸铜是较重要的铜盐之一,在电镀、印染、颜料、农药等方面有广泛应用。无机农药波尔多液就是硫酸铜和石灰乳混合液,是一种良好的杀菌剂,可用来防治多种作物的病害。

任务一 制备 $Na_2S_2O_3$ 标准滴定溶液

任务目标

1.掌握 $Na_2S_2O_3$ 标准滴定溶液的配制、保存和标定方法。

2.掌握标定 $Na_2S_2O_3$ 标准滴定溶液的原理和浓度的计算;会用淀粉做指示剂标定。

3.能正确记录和处理标定数据,并报告结果。

任务分析

1.明确任务流程

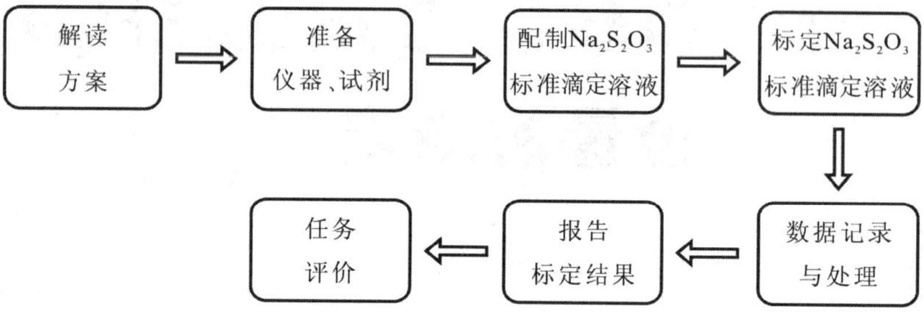

2.任务难点分析

掌握用准确浓度的重铬酸钾标定 $Na_2S_2O_3$ 标准滴定溶液的方法;熟练操作移液管、碱式滴定管。

3.任务前准备

仪器:托盘天平、分析天平、移液管、碱式滴定管、碘量瓶、量筒、烧杯、玻璃棒、洗瓶等。

试剂:0.1 $mol \cdot L^{-1}$ $Na_2S_2O_3$ 溶液、基准 $K_2Cr_2O_7$(分析纯)、淀粉指示液 5 $g \cdot L^{-1}$、3 $mol \cdot L^{-1}$ H_2SO_4 溶液等。

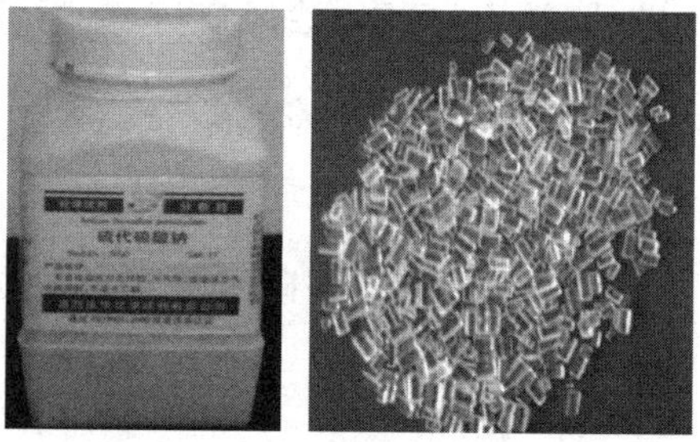

图 10-1-1 固体 $Na_2S_2O_3$ 试样

相关知识

$Na_2S_2O_3$ 标准滴定溶液的制备

一、配制

市售硫代硫酸钠($Na_2S_2O_3 \cdot 5H_2O$)一般都含有少量杂质,且在空气中不稳定,因此不能用直接法配制其标准滴定溶液。

配制方法是:称取一定量 $Na_2S_2O_3 \cdot 5H_2O$ 溶于无 CO_2 的蒸馏水中,煮沸。冷至室温,贮存于棕色瓶中。放置两周后过滤,再标定。

二、标定

标定 $Na_2S_2O_3$ 溶液的基准物质有 $K_2Cr_2O_7$、KIO_3、$KBrO_3$ 及升华 I_2 等。除 I_2 外,其他物质都需在酸性溶液中与 KI 反应析出 I_2 后,再用配制的 $Na_2S_2O_3$ 溶液滴定。现以 $K_2Cr_2O_7$ 做基准物为例加以讨论。反应为:

$$Cr_2O_7^{2-} + 6I^- + 14H^+ = 2Cr^{3+} + 3I_2 + 7H_2O$$

$$2S_2O_3^{2-} + I_2 = 2I^- + S_4O_6^{2-}$$

式中 $K_2Cr_2O_7$ 的基本单元为 $\frac{1}{6}$ $K_2Cr_2O_7$,I_2 的基本单元为 $\frac{1}{2}$ I_2,$Na_2S_2O_3$ 的基本单元是其化学式。

任务实施

活动 1 配制 0.1 mol·L⁻¹$Na_2S_2O_3$ 标准滴定溶液 500 mL

(1) 计算：配制 0.1 mol·L^{-1} 的 $Na_2S_2O_3$ 标准滴定溶液 500 mL 需要的 $Na_2S_2O_3·5H_2O$ 质量,可根据下式计算。

$$m(Na_2S_2O_3·5H_2O) = c \times V \times M = 0.1 \times 0.5 \times 248.17 = 12.4\ (g)$$

(2)配制:在托盘天平上称取硫代硫酸钠($Na_2S_2O_3·5H_2O$)12.4 g 或无水硫代硫酸钠 7.9 g,溶于 500 mL 水中。缓缓煮沸 10 min,冷却。放置两周后过滤备用。

(3)标识(或贴标签)。

注意事项

配制好的 $Na_2S_2O_3$ 溶液不稳定,易受空气和微生物作用而分解,光照也会促使其分解。因此配制时应注意:

1.使用新煮沸并冷却的蒸馏水(驱除 CO_2、O_2,杀死微生物),防止 $S_2O_3^{2-}$ 与 CO_2、O_2、微生物作用。

2.加入少量 Na_2CO_3,调 pH 为 9~10,使溶液呈微碱性,抑制细菌生长(1 L 溶液中加入 0.2 g Na_2CO_3)。

3.配制好的 $Na_2S_2O_3$ 溶液应贮存于棕色试剂瓶中,放置两周后再标定,若溶液浑浊,应过滤后标定。

想一想

$Na_2S_2O_3$ 标准滴定溶液采用什么方法配制？为什么？

活动2 标定 $Na_2S_2O_3$ 标准滴定溶液

用基准 $K_2Cr_2O_7$ 标定：

(1)称取 0.15 g 于 120 ℃烘至恒重的基准重铬酸钾，称准至 0.0001 g，置于碘量瓶中。

(2)用 25 mL 水溶解，加 2 g KI 及 2 mL 硫酸溶液，摇匀。暗处放置 10 min。注意加酸及盖瓶塞的速度要快，且用水封！

(3)加 150 mL 水，用配制好的硫代硫酸钠溶液滴定。打开瓶塞时注意冲洗！

(4)近终点时加 3 mL 淀粉指示液。注意加淀粉指示液前溶液为稻草黄色。

(5)继续滴定至溶液由蓝色变为亮绿色，同时做空白实验。要注意蓝色与亮绿色的区别。

(6)计算硫代硫酸钠标准滴定溶液的浓度公式为：

$$c(Na_2S_2O_3)=\frac{m}{(V_1-V_0)\times M(\frac{1}{6}K_2Cr_2O_7)\times 10^{-3}}\ \mathrm{mol\cdot L^{-1}}$$

式中 m——基准 $K_2Cr_2O_7$ 的质量，g；

V_1——滴定时消耗 $Na_2S_2O_3$ 标准滴定溶液的体积，mL；

V_0——空白实验消耗 $Na_2S_2O_3$ 标准滴定溶液的体积，mL；

$M(\frac{1}{6}K_2Cr_2O_7)$——以$\frac{1}{6}K_2Cr_2O_7$ 为基本单元的摩尔质量（49 $g\cdot mol^{-1}$）。

(a)准确称取基准 $K_2Cr_2O_7$　(b)用硫代硫酸钠滴定　(c)滴定前颜色(蓝色)　(d)终点时颜色(亮绿色)

图 10-1-2 标定 $Na_2S_2O_3$ 标准滴定溶液

小贴士

1.酸度控制要适当，酸度不能过大，否则空气中的氧气会将I^-氧化为I_2而产生误差。

2.生成碘的反应要在碘量瓶中进行，且要在暗处放置，使反应进行完全，碘量瓶要用KI溶液或蒸馏水封口，防止碘的挥发损失。

活动3 数据记录与处理

表10-1-1 标定$Na_2S_2O_3$标准滴定溶液的原始记录与数据处理

编号 名称	1#	2#	3#	空白
倾出前试样质量m_1,g				
倾出后试样质量m_2,g				
基准$K_2Cr_2O_7$质量m,g				
消耗$Na_2S_2O_3$标准滴定溶液体积V_1,mL				
$Na_2S_2O_3$标准滴定溶液浓度c,$mol \cdot L^{-1}$				
平均浓度$\bar{c}$,$mol \cdot L^{-1}$				
浓度计算公式				
极差				
相对极差,%				

想一想

1.用基准$K_2Cr_2O_7$标定$Na_2S_2O_3$标准滴定溶液时，为什么要加入KI？为何反应要在碘量瓶中进行？

2.淀粉指示液为何要在近终点时加入？加入过早对测定结果有何影响？

3.用基准$K_2Cr_2O_7$标定$Na_2S_2O_3$标准滴定溶液时，为什么终点颜色不是无色而是亮绿色？

任务二 硫酸铜($CuSO_4 \cdot 5H_2O$)含量的测定

任务目标

1.通过正确测定硫酸铜含量，掌握间接碘量法测定氧化性物质含量的原理及操作。

2.了解消除 Fe^{3+}干扰的方法，掌握硫酸铜含量的计算方法。

任务分析

1.明确任务流程

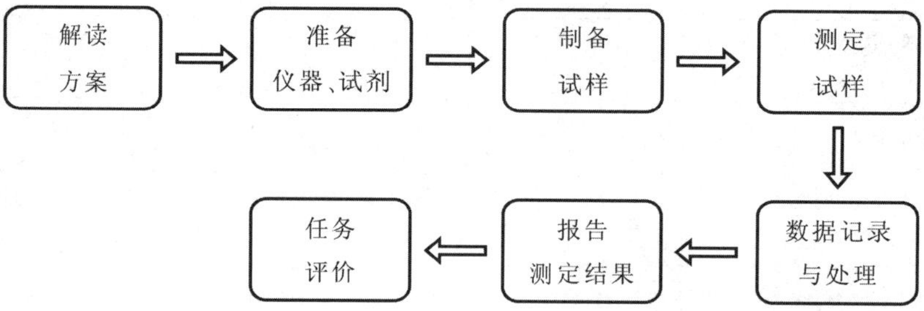

2.任务难点分析

终点判断；样品含量的测定方法。

3.任务前准备

仪器：分析天平、碘量瓶、量筒、烧杯、碱式滴定管等。

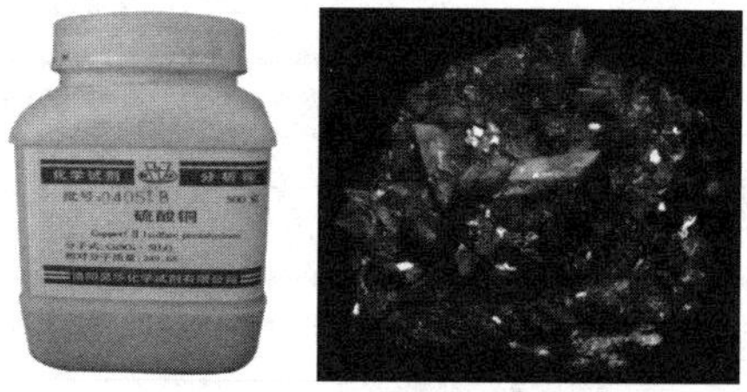

图 10-2-1 硫酸铜试样

试剂：0.1 mol·L^{-1} $Na_2S_2O_3$ 标准滴定溶液、硫酸铜($CuSO_4 \cdot 5H_2O$)试样、0.5%淀粉指示液、KI(固体，分析纯)、3 mol·L^{-1} 硫酸溶液等。

相关知识

间接碘量法测定氧化性物质——$CuSO_4\cdot 5H_2O$含量的原理

一、测定原理

将硫酸铜试样溶于稀硫酸溶液中，在弱酸性溶液中，$CuSO_4$与过量KI作用，析出等量的I_2，用$Na_2S_2O_3$标准滴定溶液滴定析出的I_2，即可求出$CuSO_4\cdot 5H_2O$含量。反应式为：

$$2Cu^{2+} + 4I^- = 2CuI\downarrow + I_2$$

$$I_2 + 2S_2O_3^{2-} = 2I^- + S_4O_6^{2-}$$

式中Cu^{2+}的基本单元即其化学式。

二、测定条件

(1)加入的KI必须过量，使生成CuI的反应更趋完全，并使生成的I_2形成I_3^-，以增大I_2的溶解性，提高滴定的准确度。

(2)由于CuI沉淀表面吸附I_3^-，使测定结果偏低。故在滴定近终点时，加入适量KSCN，使CuI($Ksp=1.1\times10^{-12}$)转化为溶解度更小的CuSCN($Ksp=4.8\times10^{-15}$)，转化过程中释放出I_2，反应生成的I^-又可利用，这样就可以使用较少的KI而使反应进行得更完全。

(3)试液需使用H_2SO_4酸化，不能用HCl，以免形成$CuCl_3^-$等配离子。被滴定溶液需控制pH在3.0~4.0，以防止铜盐水解。

(4)Fe^{3+}对测定有干扰，它可将I^-氧化为I_2，使结果偏高。为消除干扰，可加入NH_4HF_2掩蔽。

任务实施

活动 1 测定硫酸铜($CuSO_4 \cdot 5H_2O$)的含量

1.称量

精确称取胆矾试样 0.5~0.6 g,称准至 0.0001 g,置于碘量瓶中。

2.溶解

加稀硫酸溶液 5 mL,蒸馏水 100 mL,使其溶解。

3.测定

(1)加 NH_4HF_2 溶液 10 mL,KI 溶液 10 mL,盖上瓶塞,摇匀,水封,放置 3 min。注意加 KI 溶液及盖瓶塞的速度要快!

(2)用 $c(Na_2S_2O_3)=0.1\ mol \cdot L^{-1}$ 的 $Na_2S_2O_3$ 标准滴定溶液滴定至浅黄色,再加 3 mL 淀粉指示液。

(3)继续滴定至溶液变为浅蓝色,再加 KSCN 溶液 10 mL,摇匀。

(4)再继续用 $Na_2S_2O_3$ 标准滴定溶液滴定至蓝色恰好消失即为终点。

(5)平行测定三次,同时做空白实验。

4.计算硫酸铜($CuSO_4 \cdot 5H_2O$)的质量分数

$$\omega(CuSO_4 \cdot 5H_2O)=\frac{c(Na_2S_2O_3) \cdot (V - V_0) \times M(CuSO_4 \cdot 5H_2O) \times 10^{-3}}{m_{样}} \times 100\%$$

式中 $c(Na_2S_2O_3)$——硫代硫酸钠标准滴定溶液的浓度,$mol \cdot L^{-1}$;

V——硫代硫酸钠标准滴定溶液的用量,mL;

V_0——空白实验消耗硫代硫酸钠标准滴定溶液的用量,mL;

$m_{样}$——$CuSO_4 \cdot 5H_2O$ 样品的质量,g;

$M(CuSO_4 \cdot 5H_2O)$——$CuSO_4 \cdot 5H_2O$ 的摩尔质量,250 $g \cdot mol^{-1}$。

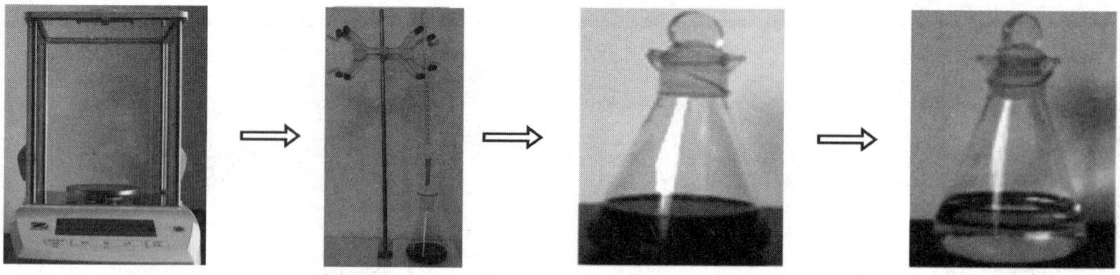

(a)准确称取硫酸铜试样　(b)用 $Na_2S_2O_3$ 标准滴定溶液滴定　(c)滴定前颜色(蓝色)　(d)终点时颜色(无色)

图 10-2-2 测定硫酸铜($CuSO_4 \cdot 5H_2O$)的含量

注意事项

1.调整酸度要适当,且只能使用稀硫酸,不能用盐酸。

2.KSCN 要在近终点时加入。

3.样品中如有 Fe^{3+} 时可加入 NH_4HF_2 掩蔽。

4.使用 NH_4HF_2 时要注意安全,避免 NH_4HF_2 与皮肤接触。

活动 2 数据记录与处理

表 10-2-1 硫酸铜($CuSO_4 \cdot 5H_2O$)含量测定的原始记录与数据处理

编号 名称	1#	2#	3#	空白
倾出前硫酸铜试样质量 m_1,g				
倾出后硫酸铜试样质量 m_2,g				
硫酸铜试样质量 $m_{样}$,g				
$c(Na_2S_2O_3)$,$mol \cdot L^{-1}$				
消耗 $Na_2S_2O_3$ 标准滴定溶液体积 V,mL				
待测物含量 $\omega(CuSO_4 \cdot 5H_2O)$,%				
平均含量 $\overline{\omega}(CuSO_4 \cdot 5H_2O)$,%				
计算公式				
极差				
相对极差,%				

想一想

1.测定铜含量时,加 KI 为何要过量?加入 KSCN 起何作用,为什么要在临近终点时加入?

2.加 NH_4HF_2 的作用是什么?

3.测定中为什么用稀硫酸调整酸度,而不使用盐酸调整酸度?

项目评价

表 10-1 项目评价表

序号	考核内容	评分标准	分值	小组评价	教师评价
1	仪器准备（10 分）	仪器选择正确（规格、型号）	5 分		
		仪器领用正确（规格、型号）	5 分		
2	溶液准备（10 分）	试剂领用正确（种类、纯度、数量）	2 分		
		试剂领用记录的填写正确	3 分		
		正确配制所需溶液	5 分		
3	测定操作（40 分）	正确使用各种仪器，操作规范	10 分		
		正确配制和标定 $Na_2S_2O_3$ 标准滴定溶液	10 分		
		正确测定 $CuSO_4 \cdot 5H_2O$ 含量	10 分		
		读数正确	5 分		
		样品平行测定三次	5 分		
4	团队合作（10 分）	仪器清洗、归位正确，药品、仪器摆放整齐，实验台面整洁	5 分		
		分工明确，各尽其职	5 分		
5	数据记录、处理及测定结果（20 分）	及时记录数据，记录规范、无随意涂改	3 分		
		正确填写原始记录表	2 分		
		计算正确	5 分		
		测定结果与标准值比较 $\leqslant \pm 1.0\%$	5 分		
		相对平均偏差 $\leqslant 0.2\%$	5 分		
6	撰写分析报告（10 分）	实验报告内容正确	5 分		
		正确撰写检验报告	5 分		
考核结果					

课后自测

一、判断题

(　　)1.间接碘量法加入 KI 一定要过量,淀粉指示液要在接近终点时加入。

(　　)2.间接碘量法要求在暗处静置,是为防止 I^-被氧化。

(　　)3.间接碘量法中淀粉指示液的加入都应在近终点。

(　　)4.用间接碘量法测定试样时,最好在碘量瓶中进行,并应避免阳光照射;为减少 I^-与空气接触,滴定时不宜过度摇动。

(　　)5.配制硫代硫酸钠标准滴定溶液时,加入少量碳酸钠,其主要作用是抑制溶液细菌生长。

(　　)6.在强碱性介质中,$Na_2S_2O_3$ 要分解成 SO_2 和单质硫(S)。

二、选择题

1.间接碘量法要求在中性或弱酸性介质中进行测定,若酸度太高,将会(　　)。

A.反应不定量　B.I_2 易挥发　C.终点不明显　D.I^-被氧化,$Na_2S_2O_3$ 被分解

2.采用间接碘量法(即滴定碘法)测定时加入淀粉指示液的适宜时间是(　　)。

A.滴定开始时

B.滴定至近终点,溶液呈稻草黄色时

C.滴定至 I_3^-离子的红棕色褪尽,溶液呈无色时

D.在标准滴定溶液滴定了近 50%时

3.在间接碘量法测定中,下列操作正确的是(　　)。

A.边滴定边快速摇动

B.加入过量 KI,并在室温和避免阳光直射的条件下滴定

C.在 70~80 ℃恒温条件下滴定

D.滴定一开始就加入淀粉指示液

4.在间接碘量法中,滴定终点的颜色变化是(　　)。

A.蓝色恰好消失　B.出现蓝色　C.出现浅黄色　D.黄色恰好消失

5.在间接碘量法中,加入淀粉指示液的适宜时间是(　　)。

A.滴定刚开始　B.反应接近 60%时　C.滴定近终点时　D.反应近 80%时

6.在间接碘量法中，若酸度过强，则会有(　　)产生。

A.SO_2　　B.S　　C.SO_2 和 S　　D.H_2S

三、简答题

1.氧化还原反应的实质是什么？

2.氧化还原滴定法所使用的指示剂有几种类型？举例说明。

3.氧化还原滴定法分哪几种方法？写出每种方法的基本反应式和滴定条件。

4.氧化还原滴定法中哪些标准滴定溶液可以直接配制？哪些标准滴定溶液必须装在棕色滴定管中进行滴定？

5.如何制备 $KMnO_4$、$K_2Cr_2O_7$、I_2、$Na_2S_2O_3$ 标准滴定溶液？其浓度如何计算？

四、计算题

1.称取纯 $K_2Cr_2O_7$ 0.4903 g，用水溶解后，配成 100.0 mL 溶液。取出此溶液 25.00 mL，加入适量 H_2SO_4 和 KI，滴定时消耗 26.90 mL $Na_2S_2O_3$ 溶液，计算 $Na_2S_2O_3$ 溶液物质的量浓度。

2.称取 0.2050 g 含铜样品，用碘量法测定含铜量，如果析出的碘要用 23.00 mL $c(Na_2S_2O_3)=0.1000\ mol\cdot L^{-1}$ 的硫代硫酸钠标准滴定溶液滴定，求样品中铜的质量分数。

项目十一　水中氯离子含量的测定

项目导入

水中氯离子的含量直接关系到人们的健康及生产活动，很多部门特别是像造纸、生产建筑材料以及使用不锈钢制品的厂家，因为水中氯离子对这些材料的侵蚀作用相当严重，所以对水的质量也要求很高。工业用水含有氯化物对锅炉、管道也有腐蚀作用，化工原料用水中含有氯化物也会影响产品质量，灌溉用水含有氯化物也不利于农作物的生长，因此不少工业用水和灌溉用水都对氯离子含量做了一定的限制。若氯离子含量过高，说明水源可能受到污染。因此，水中氯离子的含量是评价水质的指标之一。

水中氯离子含量的测定常用莫尔法。莫尔法是以 K_2CrO_4 做指示剂，在中性或弱碱性介质中用 $AgNO_3$ 标准滴定溶液测定卤素在混合物中含量的方法。

在中性或弱碱性(pH 为 6.5~10.5)条件下测定，反应式如下：

终点前　$Cl^- + Ag^+ = AgCl\downarrow$（白色）

终点后　$2Ag^+ + CrO_4^{2-} = Ag_2CrO_4\downarrow$（砖红色）

莫尔法的理论依据是分级沉淀。由于 AgCl 的溶解度（1.3×10^{-5} mol·L^{-1}）小于 Ag_2CrO_4 的溶解度(7.9×10^{-5} mol·L^{-1})，因此用 $AgNO_3$ 溶液滴定时，AgCl 先析出。当滴定到化学计量点时，微过量的 Ag^+ 与 CrO_4^{2-} 反应析出砖红色 Ag_2CrO_4 沉淀，指示滴定终点。

莫尔法主要适用于测定 Cl^-、Br^-、Ag^+，当 Cl^-、Br^- 共存时，测得的是它们的总量。

莫尔法不适宜于测定 I^- 和 SCN^-，因为 AgI 沉淀会强烈吸附 I^-，AgSCN 沉淀会强烈吸附 SCN^-，使终点过早出现，造成较大误差。

任务一 认识及配制铬酸钾指示剂

任务目标

1.认识铬酸钾指示剂。

2.能正确熟练配制和选择合适的沉淀指示剂。

任务分析

1.明确任务流程

认识铬酸钾指示剂 ⇒ 配制铬酸钾指示剂 ⇒ 选择铬酸钾指示剂

2.任务难点分析

能正确配制常用沉淀指示剂;能正确选择沉淀指示剂。

3.任务前准备

仪器:托盘天平、量筒、烧杯、滴瓶、玻璃棒等。

试剂:铬酸钾(K_2CrO_4)指示剂。

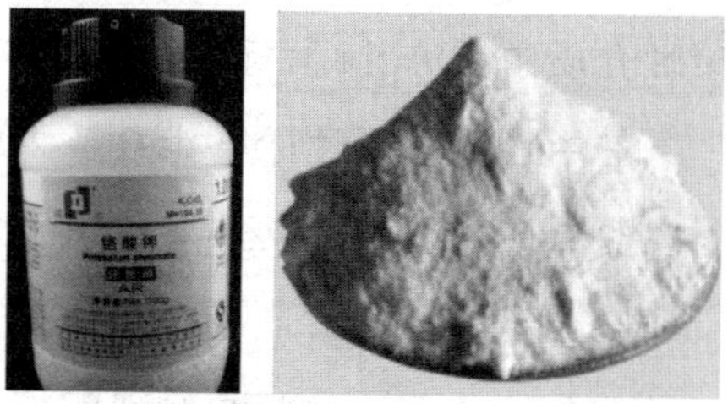

图 11-1-1 铬酸钾试样

相关知识

沉淀滴定法

一、沉淀滴定法对反应的要求

虽然沉淀反应很多,但不是所有的沉淀反应都能用于滴定,能用于滴定的沉淀反应既要满足滴定分析反应的必要条件,还要求沉淀的溶解度足够小,用于滴定的沉淀反应必须符合以下条件。

(1)反应迅速而且定量进行。

(2)生成的沉淀溶解度要小且组成恒定。对于(1+1)型沉淀,要求 $Ksp \leqslant 10^{-10}$。

(3)有适当的指示剂确定化学计量点。

(4)沉淀的吸附现象不影响终点的确定。

能同时满足以上条件的反应不多,目前常用的是生成难溶银盐的反应,如:

$$Ag^+ + Cl^- = AgCl\downarrow \text{(白色)}$$

$$Ag^+ + SCN^- = AgSCN\downarrow \text{(白色)}$$

这种利用生成难溶银盐反应进行沉淀滴定的方法称为银量法。用此法可以测定 Cl^-、Br^-、SCN^-、Ag^+及含卤素的化合物。本章仅介绍这类方法。

二、滴定方式

根据滴定方式不同,银量法可分为直接滴定法和返滴定法。

(1)直接滴定法是用 $AgNO_3$ 标准滴定溶液直接滴定待测定组分。

(2)返滴定法是向待测试液中加入一定过量的 $AgNO_3$ 标准滴定溶液,再用 NH_4SCN 标准滴定溶液滴定剩余的 $AgNO_3$ 溶液,从而求出被测组分的含量。

三、银量法的分类

根据确定滴定终点所采用的指示剂不同,或用创立者的名字命名,银量法分为三种:

(1)莫尔法——用铬酸钾为指示剂的银量法,称为莫尔法。

(2)佛尔哈德法——用铁铵矾为指示剂的银量法,称为佛尔哈德法。

(3)法扬司法——用吸附指示剂确定滴定终点的银量法,叫法扬司法。

常用沉淀指示剂列于附录Ⅲ。

任务实施

活动 1 配制 50 g·L^{-1} 铬酸钾指示剂溶液 100 mL

(1)计算:配制 50 g·L^{-1} 的溶液 100 mL 需要铬酸钾的质量,可根据下式计算。

$$m(\text{铬酸钾}) = \rho \times V = 50 \times 0.1 = 5\ (\text{g})$$

(2)配制:在托盘天平上称取 5.0 g 铬酸钾于一干净烧杯中,加水溶解,并稀释至 100 mL,搅匀,转移至试剂瓶中。

(3)标识(或贴标签)。

任务二 制备 $AgNO_3$ 标准滴定溶液

任务目标

1.能正确配制 $AgNO_3$ 标准滴定溶液。

2.能用基准物质氯化钠标定 $AgNO_3$ 标准滴定溶液。

3.能正确记录和处理标定数据，并报告结果。

4.能熟练进行分析天平、酸式滴定管的操作。

任务分析

1.明确任务流程

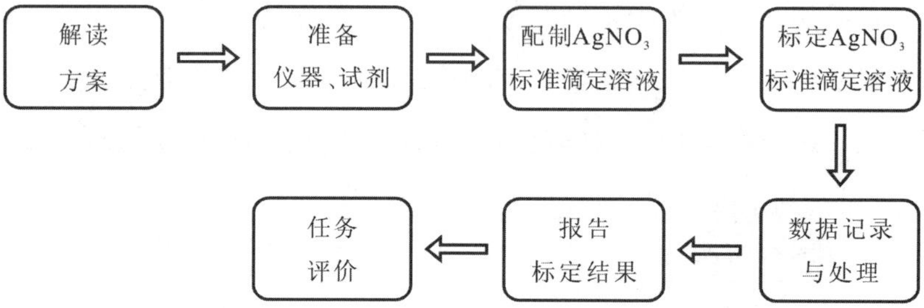

2.任务难点分析

掌握用基准物质氯化钠标定 $AgNO_3$ 标准滴定溶液的方法；熟练操作分析天平、酸式滴定管。

3.任务前准备

仪器：分析天平、称量瓶、酸式滴定管、锥形瓶、量筒、烧杯、玻璃棒、洗瓶等。

试剂：$AgNO_3$(AR)、氯化钠（基准物质）、5%铬酸钾指示剂。

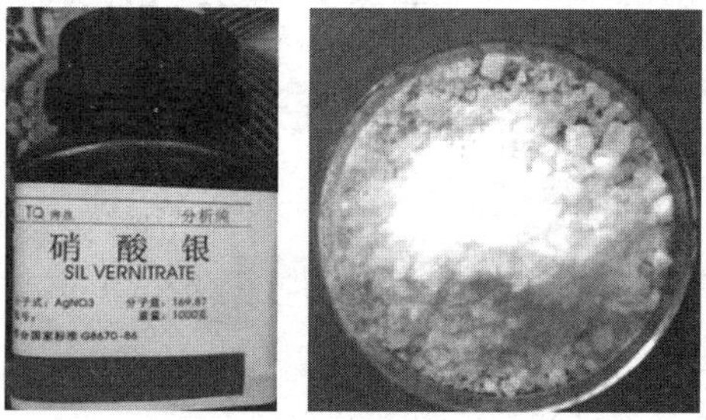

图 11-2-1 $AgNO_3$ 试样

相关知识

$AgNO_3$标准滴定溶液的配制及标定原理

一、$AgNO_3$标准滴定溶液配制简介

市售$AgNO_3$常含有杂质，如Ag、AgO、游离硝酸和亚硝酸等。故$AgNO_3$标准滴定溶液一般用间接法配制，然后用基准NaCl来标定。所用的NaCl必须在坩埚中500~600 ℃下加热直至不再有爆裂声为止，然后放入干燥器中保存备用。

配制$AgNO_3$标准滴定溶液用的蒸馏水（尤其是用直接法配制时）应不含Cl^-。配好的$AgNO_3$标准滴定溶液应贮存于棕色玻璃瓶中，并且于暗处用黑色纸包好，以免日光照射分解。

分解式为：$2AgNO_3 \xrightarrow{光} 2Ag\downarrow + 2NO_2\uparrow + O_2\uparrow$

滴定时应使用棕色酸式滴定管。

$AgNO_3$的基本单元即为其化学式，其摩尔质量为$M(AgNO_3)=169.87$（$g\cdot mol^{-1}$）。

二、$AgNO_3$标准滴定溶液标定原理

$AgNO_3$标准滴定溶液可用莫尔法标定，基准物质为NaCl，以K_2CrO_4做指示剂，溶液呈现砖红色即为终点。根据NaCl的质量及所用$AgNO_3$标准滴定溶液的体积，计算$AgNO_3$标准滴定溶液的浓度。标定反应为：

化学计量点前　$Cl^- + Ag^+ = AgCl\downarrow$（白色）

化学计量点后　$2Ag^+ + CrO_4^{2-} = Ag_2CrO_4\downarrow$（砖红色）

任务实施

活动1　配制0.01 $mol\cdot L^{-1}$ $AgNO_3$标准滴定溶液500 mL

(1)计算：配制0.01 $mol\cdot L^{-1}$的溶液500 mL需要硝酸银的质量，可根据下式计算。

$$m(AgNO_3)= c \times V \times M = 0.01\times0.5\times169.87= 0.85\ (g)$$

(2)配制：在分析天平上称取0.8500 g固体$AgNO_3$，溶于500 mL不含Cl^-的蒸馏水中，然后将溶液移入棕色试剂瓶中。摇匀，置于暗处保存。

(3)标识(或贴标签)。

注意事项

1.$AgNO_3$ 是贵重试剂,要注意节约。

2.$AgNO_3$ 对蛋白质有凝固作用,要防止和皮肤接触,不小心接触皮肤时,会在皮肤上留下黑斑。

活动 2 标定 $AgNO_3$ 标准滴定溶液

(1)称量。用 K_2CrO_4 溶液做指示剂,准确称取于 500~600 ℃灼烧至恒重的基准物氯化钠 0.15~0.2 g(称准至 0.0001 g)置于锥形瓶中。

图 11-2-2 铬酸钾指示剂

(2)溶解。加 50 mL 水溶解,再加入 5%K_2CrO_4 指示剂 2 mL,以配好的 $AgNO_3$ 标准滴定溶液滴定至溶液呈现淡砖红色为终点,记录消耗 $AgNO_3$ 标准滴定溶液的体积。

(3)平行测定三次,同时做空白实验。

(4)$AgNO_3$ 标准滴定溶液浓度计算公式:

$$c(AgNO_3)=\frac{m(NaCl)}{(V-V_0)\times 10^{-3}\times M(NaCl)}$$

式中 $c(AgNO_3)$——$AgNO_3$ 标准滴定溶液的浓度,$mol\cdot L^{-1}$;

$m(NaCl)$——基准物氯化钠的质量,g;

V——标定消耗硝酸银标准滴定溶液的体积,mL;

V_0——空白实验消耗硝酸银标准滴定溶液的体积,mL;

$M(NaCl)$——氯化钠的摩尔质量,58.44 $g\cdot mol^{-1}$。

(a)准确称取氯化钠 (b)加水溶解转移至容量瓶稀释定容 (c) 加铬酸钾并用 $AgNO_3$ 溶液滴定 (d)滴定前颜色(无色) (e)终点时颜色(淡砖红色)

图 11-2-3 标定 $AgNO_3$ 标准滴定溶液

活动3 数据记录与处理

表 11-2-1 标定 $AgNO_3$ 标准滴定溶液的原始记录与数据处理

名称 \ 编号	1#	2#	3#	空白
倾出前试样质量 m_1,g				
倾出后试样质量 m_2,g				
基准物质量 m,g				
消耗 $AgNO_3$ 标准滴定溶液体积 V,mL				
$AgNO_3$ 标准滴定溶液浓度 c,$mol \cdot L^{-1}$				
平均浓度 $\bar{c}$,$mol \cdot L^{-1}$				
浓度计算公式				
极差				
相对极差,%				

任务三 水中氯离子含量的测定

任务目标

1.掌握用莫尔法测定水中氯离子含量的方法。

2.能正确使用容量分析仪器。

3.能正确使用指示剂判断终点。

4.学会液体样品含量的计算方法。

任务分析

1.明确任务流程

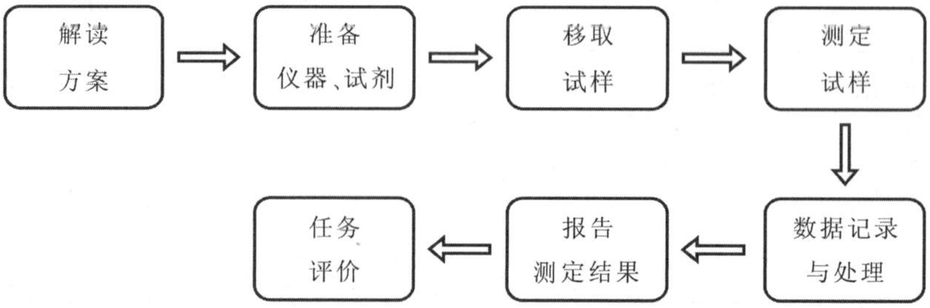

2.任务难点分析

液体样品的准确移取；判断终点；液体样品含量的测定及计算方法。

3.任务前准备

仪器：移液管、烧杯、锥形瓶、酸式滴定管等。

试剂：0.01 $mol \cdot L^{-1}$ $AgNO_3$ 标准滴定溶液、自来水、铬酸钾指示剂。

图 11–3–1 自来水试样

相关知识

莫尔法

一、基本原理

莫尔法是以 K_2CrO_4 做指示剂，在中性或弱碱性介质中用 $AgNO_3$ 标准滴定溶液测定卤素在混合物中含量的方法。现以测定氯离子含量为例，说明指示剂的作用原理。反应式如下：

终点前 $Cl^- + Ag^+ == AgCl\downarrow$（白色）

终点后 $2Ag^+ + CrO_4^{2-} == Ag_2CrO_4\downarrow$（砖红色）

莫尔法的理论依据是分级沉淀。由于 AgCl 的溶解度（1.3×10^{-5} $mol \cdot L^{-1}$）小于 Ag_2CrO_4 的溶解度（7.9×10^{-5} $mol \cdot L^{-1}$），因此用 $AgNO_3$ 标准滴定溶液滴定时，AgCl 沉淀先析出。当滴定

到化学计量点时，微过量的 Ag^+ 与 CrO_4^{2-} 反应析出砖红色 Ag_2CrO_4 沉淀，指示滴定终点。

二、滴定条件

1.指示剂用量

指示剂的用量对滴定有影响。如果溶液中 CrO_4^{2-} 浓度过高，终点就会出现过早。CrO_4^{2-} 浓度过低，终点会出现过迟。由于 CrO_4^{2-} 呈黄色，其浓度较大时，观察出现微量的 Ag_2CrO_4 砖红色沉淀比较困难，故指示剂 K_2CrO_4 的实际用量低于理论用量，一般以 $5\times10^{-3}\ mol\cdot L^{-1}$ 为宜。

2.溶液酸度

Ag_2CrO_4 易溶于酸，这是因为在酸性溶液中 CrO_4^{2-} 与 H^+ 发生如下反应：

$$2CrO_4^{2-} + 2H^+ \rightleftharpoons 2HCrO_4^- \rightleftharpoons Cr_2O_7^{2-} + H_2O$$

CrO_4^{2-} 浓度减小，影响 Ag_2CrO_4 沉淀的生成。在强碱性溶液中，会有棕黑色 Ag_2O 沉淀析出，反应为：

$$2Ag^+ + 2OH^- = Ag_2O\downarrow + H_2O$$

可见，莫尔法只能在中性或弱碱性($pH=6.5\sim10.5$)溶液中进行。若待测溶液呈酸性，可先用 $NaHCO_3$、$Na_2B_4O_7\cdot10H_2O$ 或 $CaCO_3$ 中和；若碱性太强，可用稀硝酸中和。

莫尔法不能在有氨或其他能与 Ag^+ 生成配合物的物质存在下滴定，否则会增大 AgCl (AgBr)或 Ag_2CrO_4 的溶解度。

3.剧烈摇动

在滴定过程中生成的 AgCl 沉淀容易吸附溶液中尚未反应的 Cl^-，使滴定终点过早出现，而产生较大误差。因此滴定时必须剧烈摇动，使被吸附的 Cl^- 释放出来，以获得准确的终点。

4.干扰离子

(1)凡能与 Ag^+ 生成难溶性化合物或配合物的阴离子都干扰测定。

(2)凡能与 CrO_4^{2-} 生成难溶化合物的阳离子也干扰测定。

(3)Cu^{2+}、Ni^{2+}、Co^{2+} 等有色离子影响终点观察；Al^{3+}、Fe^{3+}、Bi^{3+}、Sn^{4+} 等高价金属离子在中性或弱碱性溶液中易水解产生沉淀，也会干扰测定。

三、莫尔法的应用范围

莫尔法主要适用于测定 Cl^-、Br^-、Ag^+，当 Cl^-、Br^- 共存时，测得的是它们的总量。

莫尔法不适宜于测定 I^-和 SCN^-，因为 AgI 沉淀会强烈吸附 I^-，AgSCN 沉淀会强烈吸附 SCN^-，使终点过早出现，造成较大误差。

任务实施

活动 1　水中氯离子含量的测定

(1)准确吸取水样 100.00 mL 于锥形瓶中。

(2)加 K_2CrO_4 指示剂 2 mL。

(3)在充分摇动下以 $c(AgNO_3)=0.01\ mol\cdot L^{-1}$ 标准滴定溶液滴定至溶液微呈砖红色即为终点。记下 $AgNO_3$ 的体积 V。

(4)平行测定三次，同时做空白实验。

(5)计算氯的质量浓度，计算公式如下：

$$\rho(Cl)=\frac{c(AgNO_3)\times(V-V_0)\times M(Cl)}{V_{水样}}\times 10^3$$

式中　$\rho(Cl)$——水样中氯离子含量，$mg\cdot L^{-1}$；

$c(AgNO_3)$——$AgNO_3$ 标准滴定溶液的浓度，$mol\cdot L^{-1}$；

V——滴定消耗硝酸银标准滴定溶液的体积，mL；

V_0——空白实验消耗硝酸银标准滴定溶液的体积，mL；

$V_{水样}$——水样的体积，mL；

$M(Cl)$——氯离子的摩尔质量，35.45 $g\cdot mol^{-1}$。

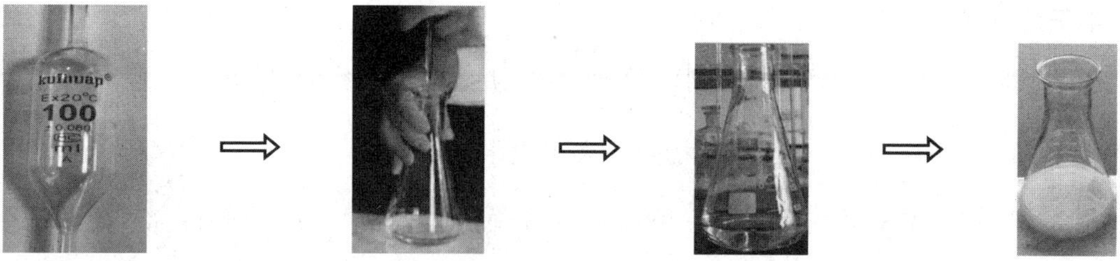

(a)准确移取 100.00 mL 水样　(b)水样加指示剂滴定　(c)滴定前颜色(无色)　(d)终点时颜色(砖红色)

图 11-3-2　测定水中氯的含量

注意事项

滴定只能在室温下进行，防止 AgCl 分解！

小贴士

GB/T 15453—2008 规定了工业循环冷却水和锅炉用水中氯离子含量的测定方法，标准中莫尔法和电位滴定法适用于天然水、循环冷却水、以软化水为补给水的锅炉炉水中氯离子含量的测定，测定范围 5~150 $mg \cdot L^{-1}$；共沉淀富集分光光度法适用于除盐水、锅炉给水中氯离子含量的测定，测定范围为 10~100 $\mu g \cdot L^{-1}$。

活动 2 数据记录与处理

表 11-3-1 水中氯离子含量测定的原始记录与数据处理

编号 / 名称	1#	2#	3#	空白
移取水样体积 $V_{水样}$,mL				
硝酸银标准滴定溶液 $c(AgNO_3)$,$mol \cdot L^{-1}$				
消耗硝酸银标准溶液体积 V,mL				
被测物含量 $\rho(Cl)$,$mg \cdot L^{-1}$				
平均含量 $\bar{\rho}(Cl)$,$mg \cdot L^{-1}$				
计算公式				
极差				
相对极差,%				

项目评价

表 11–1 项目评价表

序号	考核内容	评分标准	分值	小组评价	教师评价
1	仪器准备（10 分）	正确选择仪器（规格、型号）	5 分		
		正确领用仪器（规格、型号）	5 分		
2	溶液准备（10 分）	正确领用试剂（种类、纯度、数量）	2 分		
		试剂领用记录的填写正确	3 分		
		正确配制所需溶液	5 分		
3	测定操作（40 分）	正确使用各种仪器，操作规范	10 分		
		正确配制和标定 $AgNO_3$ 的浓度	10 分		
		正确测定水中氯离子含量	10 分		
		读数正确	5 分		
		样品平行测定三次	5 分		
4	团队合作（10 分）	仪器清洗、归位正确，药品、仪器摆放整齐，实验台面整洁	5 分		
		分工明确，各尽其职	5 分		
5	数据记录、处理及测定结果（20 分）	及时记录数据，记录规范、无随意涂改	3 分		
		正确填写原始记录表	2 分		
		计算正确	5 分		
		测定结果与标准值比较 $\leqslant\pm1.0\%$	5 分		
		相对平均偏差 $\leqslant0.2\%$	5 分		
6	撰写分析报告（10 分）	检验报告内容正确	5 分		
		正确撰写检验报告	5 分		
考核结果					

课后自测

一、判断题

(　　)1.在含有 0.01 $mol \cdot L^{-1}$ 的 I^-、Br^-、Cl^-溶液中，逐渐加入 $AgNO_3$ 试剂，先出现的沉淀是 AgI。($K_{sp,AgCl}>K_{sp,AgBr}>K_{sp,AgI}$)

(　　)2.在含有 AgCl 沉淀的溶液中，加入 $NH_3 \cdot H_2O$，则 AgCl 沉淀会溶解。

(　　)3.莫尔法的理论依据是分级沉淀原理。

(　　)4.$AgNO_3$ 是感光性物质，其溶液宜用棕色滴定管。

(　　)5.莫尔法中与 Ag^+ 形成沉淀或配合物的阴离子均不干扰测定。

(　　)6.莫尔法适用于能与 Ag^+形成沉淀的阴离子的测定，如 Cl^-、Br^-和 I^-等。

(　　)7.莫尔法滴定时应剧烈摇动试液，减少 AgCl 沉淀对 Cl^-的吸附。

二、选择题

1.沉淀滴定中的莫尔法指的是(　　)。

A.以铬酸钾做指示剂的银量法

B.以 $AgNO_3$ 为指示剂，用 K_2CrO_4 标准滴定溶液，滴定试液中的 Ca^{2+}的分析方法

C.用吸附指示剂指示滴定终点的银量法

D.以铁铵矾做指示剂的银量法

2.莫尔法采用 $AgNO_3$ 标准滴定溶液测定 Cl^-时，其滴定条件是(　　)。

A.pH=2.0~4.0　　B.pH=6.5~10.5　　C.pH=4.0~6.5　　D.pH=10.0~12.0

3.莫尔法确定终点的指示剂是(　　)。

A.K_2CrO_4　　B.$K_2Cr_2O_7$　　C.$NH_4Fe(SO_4)_2$　　D.荧光黄

4.莫尔法滴定中，指示剂的实际浓度为(　　)$mol \cdot L^{-1}$。

A.1.2×10^{-2}　　B.0.015　　C.3×10^{-5}　　D.5×10^{-3}

5.莫尔法滴定终点的颜色是(　　)。

A.白色　　B.黄色　　C.红色　　D.橙红

6.莫尔法测定 Cl^-含量时，若溶液的酸度过高，则(　　)。

A.AgCl 沉淀不完全　　B.Ag_2CrO_4 沉淀不易生成

C.形成 Ag_2O 沉淀　　D.吸附作用增强

7.下列离子中,不能用莫尔法测定的是(　　)。

A.Br^-　　B.I^-　　C.Cl^-　　D.Ag^+

三、填空题

1.莫尔法滴定中,终点出现的早晚与溶液中的________浓度有关。若其浓度过大,则终点________出现;若其浓度过小,则终点________出现。

2.由于 CrO_4^{2-} 呈黄色,其浓度较大时,观察出现微量的 Ag_2CrO_4 砖红色比较________,故指示剂 K_2CrO_4 的实际用量________理论用量,为________$mol \cdot L^{-1}$。

3.莫尔法滴定时的酸度必须适当,在酸性溶液中________沉淀溶解;在强碱性溶液中,会有棕黑色________沉淀析出。因此,莫尔法只能在________溶液中进行。

四、简答题

1.什么叫沉淀滴定法?用于滴定的沉淀反应必须符合哪些条件?

2.莫尔法要求试液的 pH 为多少?为什么?

五、计算题

1.称取纯 NaCl 0.1650 g,溶于水后,恰好与 28.85 mL$AgNO_3$ 溶液定量反应,求 $AgNO_3$ 溶液的浓度。

2. 将 2.3120 g 纯 $AgNO_3$ 配成 500.0 mL 溶液,取出 25.00 mL 溶液置于 250 mL 容量瓶中,稀释至刻度。问所得 $AgNO_3$ 溶液的浓度是多少?

项目十二 工业烧碱中氯化钠含量的测定

项目导入

工业烧碱中氯化钠含量的测定可用佛尔哈德法，采用返滴定法测定。

佛尔哈德法是以铁铵矾做指示剂，用 NH_4SCN 标准滴定溶液来进行滴定的银量法。

可向待测试液中加入一定体积的过量 $AgNO_3$ 标准滴定溶液，反应完全后，以铁铵矾为指示剂，用 NH_4SCN 标准滴定溶液滴定剩余的 Ag^+。反应式如下：

$$Ag^+ + Cl^- = AgCl\downarrow \text{（白色）}$$

（过量）

化学计量点前 $Ag^+ + SCN^- = AgSCN\downarrow$（白色）

（剩余）

化学计量点后，稍过量的 SCN^- 与铁铵矾指示剂反应，生成红色配离子 $[Fe(SCN)]^{2+}$，指示终点的到达。反应式如下：

$$Fe^{3+} + SCN^- = [Fe(SCN)]^{2+} \text{（红色）}$$

该方法的选择性较高，可用来测定 Cl^-、Br^-、I^-、SCN^- 和 Ag^+ 等。

任务一 认识及配制铁铵矾指示剂

任务目标

1.认识铁铵矾指示剂。

2.能正确熟练配制和选择合适的沉淀指示剂。

任务分析

1.明确任务流程

认识铁铵矾指示剂 ⇒ 配制铁铵矾指示剂 ⇒ 选择铁铵矾指示剂

2.任务难点分析

能正确配制铁铵矾指示剂;能正确选择沉淀指示剂。

3.任务前准备

仪器:托盘天平、量筒、烧杯、滴瓶、玻璃棒等。

试剂:铁铵矾[$NH_4Fe(SO_4)_2$]指示剂。

图 12-1-1 铁铵矾试样

相关知识

佛尔哈德法

佛尔哈德法是以铁铵矾为指示剂确定滴定终点的银量法。根据滴定方式不同,佛尔哈德法分为直接滴定法和返滴定法。

一、基本原理

1.直接滴定法测定 Ag^+

在硝酸性溶液中,以铁铵矾为指示剂,可用 NH_4SCN 标准滴定溶液直接滴定被测物质

Ag^+，当到达化学计量点时，稍过量的 SCN^- 与 Fe^{3+} 生成红色的 $[Fe(SCN)]^{2+}$，指示滴定终点的到达。反应如下：

化学计量点前　$Ag^+ + SCN^- = AgSCN\downarrow$（白色）

化学计量点后　$Fe^{3+} + SCN^- = [Fe(SCN)]^{2+}$（红色）

用 NH_4SCN 溶液滴定 Ag^+ 溶液时，生成的 AgSCN 沉淀能吸附溶液中的 Ag^+，会使红色出现早于化学计量点，这是该法的主要误差来源。因此，为了避免这种现象的发生，当滴定到溶液开始出现红色时，应用力振荡，使吸附在沉淀表面的 Ag^+ 及时释放出来。若溶液的红色消失，应继续滴定，直到出现稳定的红色不褪即为滴定的终点。

此法优于莫尔法，可直接测定 Ag^+。

2.返滴定法测定 Cl^-

当待测成分为卤离子(X^-)时，可向待测试液中加入一定体积的过量 $AgNO_3$ 标准滴定溶液，反应完全后，以铁铵矾为指示剂，用 NH_4SCN 标准滴定溶液滴定剩余的 Ag^+。反应如下：

$$\underset{(过量)}{Ag^+} + Cl^- = AgCl\downarrow \text{（白色）}$$

化学计量点前　$\underset{(剩余)}{Ag^+} + SCN^- = AgSCN\downarrow$（白色）

化学计量点后，稍过量的 SCN^- 与铁铵矾指示剂反应，生成红色配离子 $[Fe(SCN)]^{2+}$，指示终点的到达。反应式如下：

$$Fe^{3+} + SCN^- = [Fe(SCN)]^{2+} \text{（红色）}$$

二、滴定条件

1.指示剂用量

铁铵矾指示剂要适量。若加入太多，滴定终点提前；若加入量太少，终点现象不明显。实验证明，化学计量点时，能观察到红色 $[Fe(SCN)]^{2+}$ 最低浓度为 6.4×10^{-6} mol·L^{-1}，此时 Fe^{3+} 的浓度为 0.03 mol·L^{-1}。这样的浓度，尽管在酸度较大的条件下，仍有较明显的棕黄色，影响终点的观察。在实际操作中，通常保持 $[Fe^{3+}]=0.015$ mol·L^{-1} 左右。

2.溶液酸度

佛尔哈德法适宜在酸性(稀硝酸)溶液中进行。在中性或碱性溶液中，Fe^{3+} 将生成红棕色的 $Fe(OH)_3$ 沉淀，会降低溶液中 Fe^{3+} 的浓度。Ag^+ 在碱性溶液中生成棕黑色的 Ag_2O 沉淀，影响滴定终点的确定。所以，溶液适宜的酸度为 0.1~1 mol·L^{-1}(稀硝酸)。

3.干扰离子

能与 SCN^-生成沉淀、配合物或能氧化 SCN^-的物质均有干扰，必须预先除去。

三、佛尔哈德法的应用范围

佛尔哈德法是在硝酸酸性溶液中进行滴定的。许多弱酸根离子如 PO_4^{3-}、AsO_4^{3-}、CrO_4^{2-}等都不能与 Ag^+生成沉淀。因而该方法的选择性较高，可用来测定 Cl^-、Br^-、I^-、SCN^-和 Ag^+等。

任务实施

活动 1　配制 80 g·L^{-1} 铁铵矾指示剂溶液 100 mL

(1)计算：配制 80 g·L^{-1} 的溶液 100 mL 需要铁铵矾的质量，可根据下式计算。

$$m(\text{铁铵矾}) = \rho \times V = 80\times0.1 = 8\ (\text{g})$$

(2)配制：在托盘天平上称取 8.0 g 铁铵矾于一干净烧杯中，加水溶解，并稀释至 100 mL，搅匀，转移至试剂瓶中。

(3)标识(或贴标签)。

任务二　制备 NH_4SCN 标准滴定溶液

任务目标

1.能正确配制 NH_4SCN 标准滴定溶液。

2.能用基准物质硝酸银标定 NH_4SCN 标准滴定溶液。

3.能正确记录和处理标定数据，并报告结果。

4.能熟练进行分析天平、酸式滴定管的操作。

任务分析

1.明确任务流程

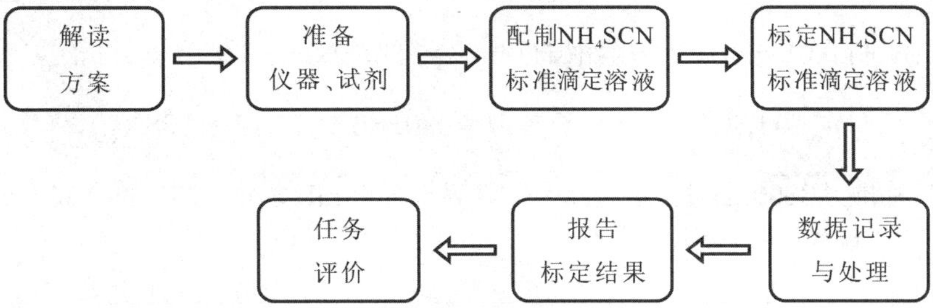

2.任务难点分析

掌握用基准物质硝酸银标定 NH_4SCN 标准滴定溶液的方法；熟练操作分析天平、酸式滴定管。

3.任务前准备

仪器：分析天平、称量瓶、酸式滴定管、锥形瓶、量筒、烧杯、玻璃棒、洗瓶等。

试剂：NH_4SCN (AR)、$AgNO_3$(基准物质)、80 $g·L^{-1}$ 铁铵矾指示剂、5 $mol·L^{-1}HNO_3$ 。

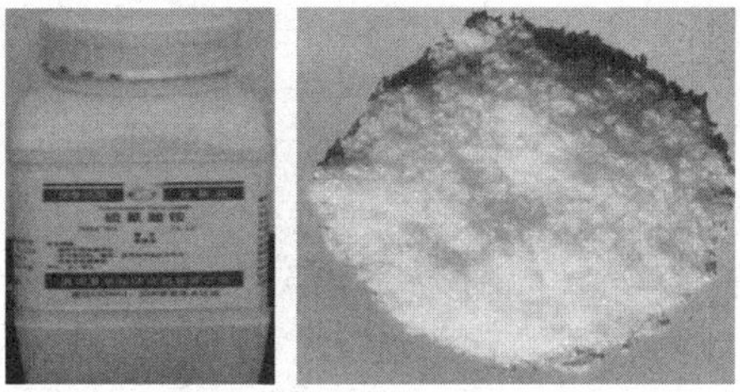

图 12-2-1 NH_4SCN 试样

相关知识

NH_4SCN 标准滴定溶液的配制及标定

一、NH_4SCN 标准滴定溶液配制简介

市售 NH_4SCN 常含有杂质，且容易潮解，一般采用间接法配制。然后用基准物质 $AgNO_3$ 试剂标定其准确浓度。也可取一定量的已标定好的 $AgNO_3$ 标准滴定溶液，用 NH_4SCN 溶液直接滴定。

二、NH_4SCN 标准滴定溶液标定原理

NH_4SCN 标准滴定溶液可用佛尔哈德法标定，其基准物质为 $AgNO_3$，以铁铵矾为指示剂，滴定至溶液呈微红色为终点。标定反应为：

化学计量点前　　$Ag^+ + SCN^- \longrightarrow AgSCN\downarrow$ (白色)

化学计量点后　　$Fe^{3+} + SCN^- \longrightarrow [Fe(SCN)]^{2+}$ (红色)

根据基准硝酸银的质量及硫氰酸铵溶液用量，计算硫氰酸铵标准滴定溶液的浓度。

任务实施

活动 1 配制 0.01 mol·L^{-1}NH_4SCN 标准滴定溶液 500 mL

(1)计算:配制 0.01 mol·L^{-1} 的溶液 500 mL 需要的 NH_4SCN 质量,可根据下式计算。

$$m(NH_4SCN) = c \times V \times M = 0.01 \times 0.5 \times 76.12 = 0.38\ (g)$$

(2)配制:称取 0.3800 g 固体硫氰酸铵,溶解于 500 mL 蒸馏水中,移入试剂瓶内,摇匀后待标定。

(3)标识(或贴标签)。

活动 2 标定 NH_4SCN 标准滴定溶液

(1)称量。称取 0.5 g 于硫酸干燥器中干燥至恒重的基准物质硝酸银(称准至 0.0001 g),置于烧杯中,加水 100 mL 溶解,转移至 250 mL 容量瓶中稀释,定容。

(2)移取。移取 25.00 mL 硝酸银溶液于锥形瓶中,加 1 mL 饱和铁铵矾指示剂及 10 mL 硝酸。

(3)滴定。摇动下用配好的 NH_4SCN 标准滴定溶液滴定。临近终点前摇动溶液至完全清亮后,继续滴定至溶液呈微红色保持 30 s 不褪色为终点。

(4)平行测定三次,同时做空白实验。

(5)NH_4SCN 标准滴定溶液浓度计算公式:

$$c(NH_4SCN) = \frac{m(AgNO_3) \times \frac{25.00}{250.0}}{(V - V_0) \times 10^{-3} \times M(AgNO_3)}$$

式中 $c(NH_4SCN)$——NH_4SCN 标准滴定溶液的浓度,mol·L^{-1};

m——基准物质硝酸银的质量,g;

V——标定消耗硫氰酸铵标准滴定溶液的体积,mL;

V_0——空白实验消耗硫氰酸铵标准滴定溶液的体积,mL;

M——硝酸银的摩尔质量,169.9 g·mol^{-1} 。

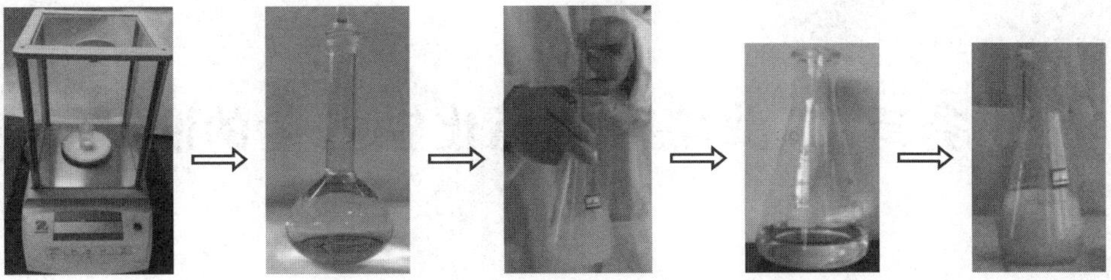

(a)称取 0.5 g 硝酸银 (b)加水溶解后转移至容量瓶稀释定容 (c)加铁铵矾并滴定 (d)滴定前颜色(无色) (e)终点时颜色(微红色)

图 12-2-2 标定 NH_4SCN 标准滴定溶液

注意事项

硝酸银是贵重试剂,要注意节约!

活动 3 数据记录与处理

表 12-2-1 标定 NH_4SCN 标准滴定溶液的原始记录与数据处理

编号 名称	1#	2#	3#	空白
倾出前试样质量 m_1,g				
倾出后试样质量 m_2,g				
基准物质质量 m,g				
消耗 NH_4SCN 标准滴定溶液体积 V,mL				
NH_4SCN 标准滴定溶液浓度 c,$mol \cdot L^{-1}$				
平均浓度 $\bar{c}$,$mol \cdot L^{-1}$				
浓度计算公式				
极差				
相对极差,%				

任务三 工业烧碱中氯化钠含量的测定

任务目标

1.掌握用佛尔哈德法测定 NaCl 的原理和操作方法。

2.掌握佛尔哈德法测定 NaCl 含量的计算方法。

3.能正确使用指示剂判断终点。

4.掌握液体样品含量的计算方法。

任务分析

1.明确任务流程

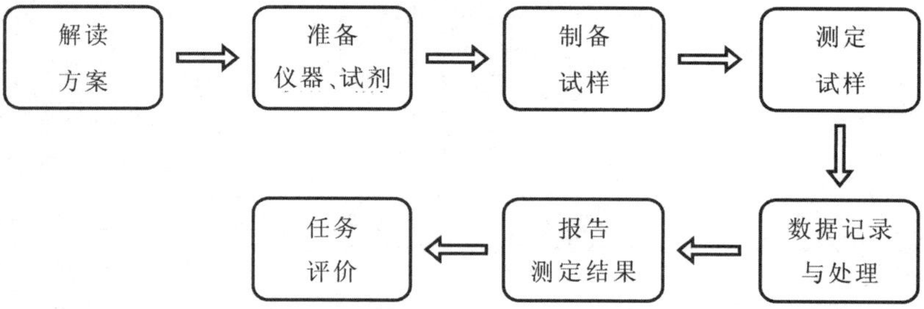

2.任务难点分析

制备试样,液体样品的准确移取;判断终点;液体样品含量的测定及计算方法。

3.任务前准备

仪器:分析天平、移液管、烧杯、锥形瓶、酸式滴定管等。

试剂:0.01 mol·L^{-1} $AgNO_3$ 标准滴定溶液、0.01 mol·L^{-1} NH_4SCN 标准滴定溶液、工业烧碱试样、4 mol·L^{-1}HNO_3、80 g·L^{-1} 铁铵矾指示剂、硝基苯等。

相关知识

沉淀转化

用佛尔哈德法测定 NaCl,滴定达终点时经摇动红色会褪去。这是因为 AgSCN 的溶解度小于 AgCl 的溶解度,致使 AgCl 沉淀转化为 AgSCN 沉淀,这种现象称为沉淀的转化。

其转化反应为:

$$AgCl\downarrow + SCN^- = AgSCN\downarrow + Cl^-$$

因此当滴定到溶液红色出现时,随着不停地摇动溶液,生成的红色又逐渐地消失。继续到持久性红色,必然多消耗 NH_4SCN 溶液,从而使测得的 NaCl 含量偏低,造成较大的测定误差。为了避免上述转化反应的发生,一般采用将 AgCl 沉淀包藏起来或分离除去的方法。通常采用下述两种措施中的一种。

(1)在试液中加入过量的 $AgNO_3$ 标准滴定溶液后,过滤,分离出 AgCl 沉淀,并用 HNO_3 仔细洗涤沉淀。滤液与洗涤液合并,用 NH_4SCN 标准滴定溶液滴定 Ag^+。

(2)加入 $AgNO_3$ 标准滴定溶液后,在用 NH_4SCN 标准滴定溶液滴定前,加入硝基苯或邻苯二甲酸二丁酯,用力摇动,则在 AgCl 沉淀周围包上一层有机溶剂,使 AgCl 沉淀与外部溶液隔离,阻止 AgCl 沉淀与 NH_4SCN 发生转化,这个方法简便,但要注意硝基苯的毒性较大。

任务实施

活动 1 工业烧碱试样制备

准确称取固体烧碱试样 30±1 g(称准至 0.0001 g),置于烧杯中,用不含 CO_2 的蒸馏水溶解,冷却,定量移入 250 mL 容量瓶中,以酚酞为指示剂,用浓硝酸中和至红色消失,再用不含 CO_2 的蒸馏水稀释至刻度,摇匀。

若为液体烧碱试样,可用移液管准确移取 25.00 mL,放入 100 mL 容量瓶中,以酚酞为指示剂,用浓硝酸中和至红色消失,再用不含 CO_2 的蒸馏水稀释至刻度,摇匀。

图 12-3-1 烧碱试样

活动 2 工业烧碱中氯化钠含量的测定

(1)用移液管准确吸取试液 25.00 mL,放于锥形瓶中。

(2)加入 4 mol·L^{-1}HNO_3 溶液 4 mL。

(3)在充分摇动下,自滴定管准确加入 40.00 mL 0.01 mol·L^{-1}$AgNO_3$ 标准滴定溶液,再加入 80 g·L^{-1} 铁铵矾指示剂 2 mL、硝基苯 5 mL,用力摇动,使 AgCl 沉淀凝聚并被硝基苯所覆盖,以 0.01 mol·L^{-1}NH_4SCN 标准滴定溶液滴定至溶液呈现微红色为止。

(4)平行测定三次,同时做空白实验。

(5)计算氯化钠的质量浓度,分析结果计算如下:

$$\omega(\mathrm{NaCl})=\frac{[c(\mathrm{AgNO_3})\times V_1-c(\mathrm{NH_4SCN})\times(V_2-V_0)]\times M(\mathrm{NaCl})}{m_s\times\dfrac{25.00}{250.0}}\times 100\%$$

式中 ω(NaCl)——氯化钠的质量分数,%;

$c(AgNO_3)$ ——硝酸银标准滴定溶液的浓度,mol·L^{-1};

V_1——加入硝酸银标准滴定溶液的体积,mL;

$c(NH_4SCN)$——硫氰酸铵标准滴定溶液的浓度,mol·L^{-1};

V_2——滴定消耗硫氰酸铵标准滴定溶液的体积,mL;

V_0——空白实验消耗硫氰酸铵标准滴定溶液的体积,mL;

m_s——工业烧碱试样的质量,g;

M(NaCl) ——氯化钠的摩尔质量,58.44 g·mol^{-1} 。

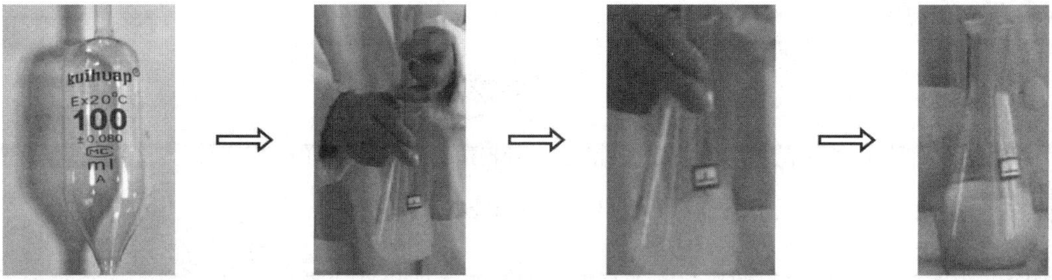

(a)准确移取 25.00 mL 试样

(b)加 HNO_3 溶液,后加过量 $AgNO_3$ 溶液,加指示剂、硝基苯,振荡,用 NH_4SCN 滴定

(c)滴定前颜色(白色)

(d)终点时颜色(微红色)

图 12-3-2 测定工业烧碱中氯化钠的含量

注意事项

1.中和试液中的 NaOH 要用 HNO_3,不能用 HCl 或 H_2SO_4,但 HNO_3 不能过量太多。

2.$AgNO_3$ 标准滴定溶液要边加边摇。

活动 3 数据记录与处理

表 12-3-1 工业烧碱中氯化钠含量测定的原始记录与数据处理

编号 名称	1#	2#	3#	空白
称取试样质量 m_s,g				
移取试样体积 V,mL				
$c(AgNO_3)$,$mol \cdot L^{-1}$				
$AgNO_3$ 标准滴定溶液体积 V_1,mL				
$c(NH_4SCN)$,$mol \cdot L^{-1}$				
消耗 NH_4SCN 标准滴定溶液体积 V_2,mL				
$\omega(NaCl)$,%				
$\overline{\omega}(NaCl)$,%				
计算公式				
极差				
相对极差,%				

项目评价

表 12-1 项目评价表

序号	考核内容	评分标准	分值	小组评价	教师评价
1	仪器准备(10 分)	正确选择仪器(规格、型号)	5 分		
		正确领用仪器(规格、型号)	5 分		
2	溶液准备(10 分)	正确领用试剂(种类、纯度、数量)	2 分		
		试剂领用记录的填写正确	3 分		
		正确配制所需溶液	5 分		
3	测定操作(40 分)	正确使用各种仪器,操作规范	10 分		
		正确配制和标定 $AgNO_3$、NH_4SCN 标准滴定溶液的浓度	10 分		
		正确测定工业烧碱中氯化钠含量	10 分		
		读数正确	5 分		
		样品平行测定三次	5 分		

续表

序号	考核内容	评分标准	分值	小组评价	教师评价
4	团队合作（10 分）	仪器清洗、归位正确，药品、仪器摆放整齐，实验台面整洁	5 分		
		分工明确，各尽其职	5 分		
5	数据记录、处理及测定结果（20 分）	及时记录数据，记录规范、无随意涂改	3 分		
		正确填写原始记录表	2 分		
		计算正确	5 分		
		测定结果与标准值比较≤±1.0%	5 分		
		相对平均偏差≤0.2%	5 分		
6	撰写分析报告（10 分）	检验报告内容正确	5 分		
		正确撰写检验报告	5 分		
考核结果					

课后自测

一、判断题

(　　)1.佛尔哈德法是以铬酸钾为指示剂的一种银量法。

(　　)2.莫尔法使用的指示剂为 Fe^{3+}，佛尔哈德法使用的指示剂为 K_2CrO_4。

(　　)3.佛尔哈德法通常在 0.1~1 mol·L^{-1} 的 H_2SO_4 溶液中进行。

(　　)4.以铁铵矾为指示剂，用 NH_4SCN 标准滴定溶液滴定 Ag^+ 时，应在碱性条件下进行。

(　　)5.强氧化剂、汞盐等干扰佛尔哈德法测定，应预先除去。

二、选择题

1.以铁铵矾做指示剂，介质条件是(　　)。

A.碱性　　B.中性　　C.弱酸性　　D.酸性

2.铁铵矾做指示剂测定 Br^-，其终点颜色为(　　)。

A.白色　　B.黄色　　C.红色　　D.蓝色

3.佛尔哈德法测定 Ag^+含量时，所用的指示剂是(　　)。

A.铬酸钾　　B.铁铵矾　　C.荧光黄　　D.二甲酚橙

4.下列离子中不能用佛尔哈德法测定的是(　　)。

A.Ag^+　　B.Br^-　　C.I^-　　D.F^-

5.佛尔哈德法测定 Cl^-时，未加硝基苯保护沉淀，分析结果会(　　)。

A.偏高　　B.偏低　　C.无影响　　D.无法判断

6.在佛尔哈德法中，若酸度过低则(　　)。

A.Fe^{3+}易还原　　B.Fe^{3+}易水解　　C.滴定终点提前　　D.AgSCN 沉淀发生转化

7.佛尔哈德法中，滴定过程充分振摇，其目的不是(　　)。

A.加速反应　　B.防止沉淀吸附　　C.防止终点提前　　D.释放被吸附的 Ag^+

8.用佛尔哈德法测定下列离子时，如不对沉淀进行分离或隔离，会使测定结果偏低的是(　　)。

A.Cl^-　　B.Br^-　　C.I^-　　D.SCN^-

三、计算题

称取银合金试样 0.2809 g，溶解后制成溶液。加入铁铵矾指示剂，用 $c(NH_4SCN)=0.1000\ mol\cdot L^{-1}$ 的 NH_4SCN 标准滴定溶液滴定，用去 26.80 mL，计算试样中的银含量。

项目十三 溴化钾含量的测定

项目导入

KBr 是一种镇静药，可用吸附指示剂法测定其含量。在 HAc 条件下，采用曙红做指示剂，用 $AgNO_3$ 标准滴定溶液滴定，溶液由橙黄色变为粉红色为终点。其反应为：

$$(AgBr\downarrow)Br^- + EO^- \xrightarrow{AgNO_3} (AgBr\downarrow)AgEO$$

计量点前胶粒(溶液橙色)　曙红阴离子　计量点后(深红色凝乳状沉淀)

法扬司法是以吸附指示剂确定滴定终点的一种银量法。

任务一 认识及配制曙红吸附指示剂

任务目标

1.认识曙红吸附指示剂。

2.能正确熟练配制和选择合适的吸附指示剂。

任务分析

1.明确任务流程

认识曙红吸附指示剂 ⟹ 配制曙红吸附指示剂 ⟹ 选择曙红吸附指示剂

2.任务难点分析

能正确配制曙红吸附指示剂;能正确选择吸附指示剂。

3.任务前准备

仪器:托盘天平、量筒、烧杯、滴瓶、玻璃棒等。

试剂:曙红吸附指示剂等。

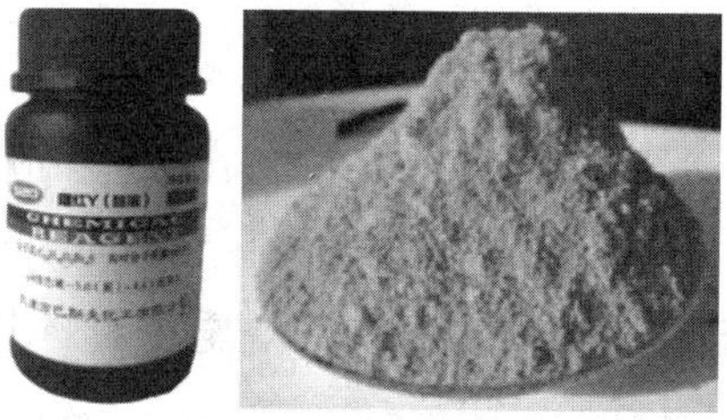

图 13-1-1 曙红指示剂

相关知识

法扬司法

一、基本原理

法扬司法是以吸附指示剂确定滴定终点的一种银量法。

吸附指示剂是一类有机染料,在溶液中能被胶体沉淀表面吸附,同时发生结构的改变,从而引起颜色的变化,指示滴定终点的到达。

现以测定 Cl^-含量为例,用 $AgNO_3$ 标准滴定溶液滴定 Cl^-生成 $AgCl$ 沉淀,以荧光黄为吸附指示剂,在中性溶液中荧光黄呈黄绿色,反应过程如下:

$$Ag^+ + Cl^- = AgCl\downarrow \text{(白色胶状沉淀)}$$

化学计量点前溶液中尚有未被滴定的 Cl^-,$AgCl$ 胶粒沉淀表面吸附 Cl^-而带负电荷。加入荧光黄指示剂后,由于荧光黄的阴离子排斥而不被吸附,溶液出现荧光黄阴离子的黄绿色。

其中$\{(AgCl)_m\}\cdot Cl^-$为 $AgCl$ 胶状沉淀吸附 Cl^-,FI^-为荧光黄阴离子。

化学计量点后,由于加入稍过量的 $AgNO_3$ 标准滴定溶液,溶液中有过量的 Ag^+,因此,$AgCl$ 胶粒沉淀表面又吸附 Ag^+而带正电荷,荧光黄阴离子 FI^-被带正电荷的 $AgCl$ 胶粒沉淀所吸附而呈粉红色。溶液颜色由黄绿色变为粉红色,指示终点的到达。如果用 $NaCl$ 标准滴定溶液滴定Ag^+,则终点颜色变化正好相反。

$$\{(AgCl)_m\}\cdot Ag^+ + FI^- \xrightleftharpoons{\text{吸附}} \{(AgCl)_m\}\cdot Ag^+\cdot FI^-$$

二、法扬司法的应用条件

因为吸附反应是可逆的,应用吸附指示剂时应注意以下几点:

(1)因为颜色的变化是发生在沉淀的表面,欲使滴定终点颜色明显,应尽量使沉淀的比表面大一些。为此,需加入一些保护胶(如糊精),阻止卤化银凝聚,使其保持胶体状态。

(2)溶液的酸度要适当。吸附指示剂大多是有机弱酸,为使其能在溶液中更多地离解出阴离子,必须控制溶液的 pH,如荧光黄指示剂只能在 pH=7~10 时使用,而二氯荧光黄则要求在 pH=4~10 范围内使用。

(3)滴定时应避免强光照射。因卤化银沉淀对光敏感,易转变为灰黑色而影响终点的观察。

(4)胶体微粒对指示剂的吸附能力应略小于对被测离子的吸附能力,否则指示剂将在化学计量点前变色。但吸附能力又不能太小,否则终点出现过迟。

(5)溶液的浓度不能太小,否则产生的沉淀太少,观察终点比较困难。

以 $AgNO_3$ 标准滴定溶液作为滴定剂时,常用的吸附指示剂及其配制方法见表 13-1-1。

表 13-1-1 常用吸附指示剂及其配制方法

名称	终点颜色变化	溶液 PH 范围	被测定离子	配制方法
荧光黄	黄绿→粉红色	7~10	Cl^-	0.2%乙醇溶液
溴酚蓝	黄绿→蓝色	5~6	Cl^-、I^-	0.1%水溶液
二氯荧光黄	黄绿→红色	4~10	Cl^-、Br^-、I^-、SCN^-	0.1%,70%乙醇溶液
曙红	橙黄→深红色	2~10	Br^-、I^-、SCN^-	0.1%,70%乙醇溶液

任务实施

活动 1　配制 2 g·L^{-1} 曙红指示剂溶液 100 mL

(1)计算:配制 2 g·L^{-1} 的溶液 100 mL 需要曙红的质量,可根据下式计算。

$$m(\text{曙红}) = \rho \times V = 2\times 0.1 = 0.2\ (\text{g})$$

(2)配制:在托盘天平上称取 0.2 g 曙红于一干净烧杯中,加水溶解,并稀释至 100 mL,搅匀,转移至试剂瓶中。

(3)标识(或贴标签)。

任务二　溴化钾含量的测定

任务目标

1.掌握用法扬司法测定 KBr 含量的原理和操作方法。

2.掌握 KBr 含量的计算方法。

3.能正确使用指示剂判断终点。

任务分析

1.明确任务流程

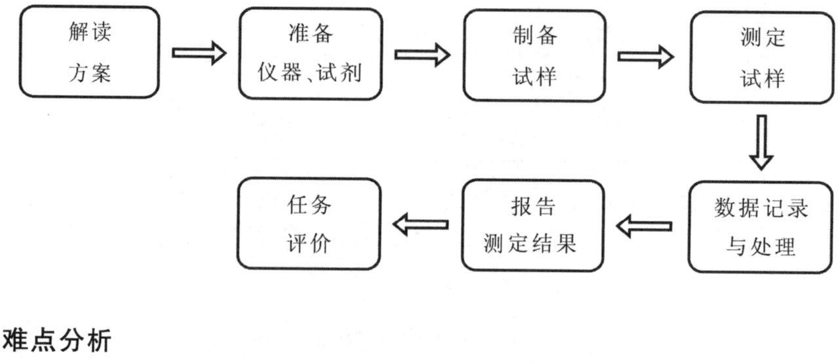

2.任务难点分析

样品的称取;判断终点;样品含量的测定及计算方法。

3.任务前准备

仪器：分析天平、称量瓶、烧杯、锥形瓶、酸式滴定管等。

试剂：0.01 mol·L^{-1} $AgNO_3$标准滴定溶液、溴化钾试样、2 g·L^{-1} 曙红指示剂、1 mol·L^{-1}HAc。

相关知识

溴化钾含量的测定原理

KBr 是一种镇静药，可用吸附指示剂法测定其含量。在 HAc 条件下，采用曙红做指示剂，用 $AgNO_3$ 标准滴定溶液滴定至溶液由橙黄色变为粉红色为终点。反应为：

$$(AgBr\downarrow)Br^- + EO^- \xrightarrow{AgNO_3} (AgBr\downarrow)AgEO$$

计量点前胶粒(溶液橙色) 曙红阴离子 计量点后(深红色凝乳状沉淀)

任务实施

活动 1 溴化钾含量的测定

(1)准确称取 KBr 试样 0.4 g(称准至 0.0001 g)，置于锥形瓶中，用约 50 mL 蒸馏水溶解。

(2)加入 10 mLHAc 溶液，以 2~3 滴曙红为指示剂。

(3)用 0.01 mol·L^{-1}$AgNO_3$ 标准滴定溶液滴定至溶液由橙黄色变为粉红色即为终点。

(4)平行测定三次，同时做空白实验。

(5)分析结果计算：

$$\omega(KBr) = \frac{c(AgNO_3) \times (V-V_0) \times M(KBr) \times 10^{-3}}{m_s} \times 100\%$$

式中 $\omega(KBr)$——溴化钾的质量分数，%；

$c(AgNO_3)$——硝酸银标准滴定溶液的浓度，mol·L^{-1}；

V——滴定消耗硝酸银标准滴定溶液的体积，mL；

V_0——空白实验消耗硝酸银标准滴定溶液的体积，mL；

m_s——溴化钾试样的质量，g；

$M(KBr)$ ——溴化钾的摩尔质量，119 g·mol^{-1} 。

(a)准确称取 0.4000 g 试样　(b) 加 HAC 和曙红指示剂，用 $AgNO_3$ 滴定　(c)滴定前颜色（橙黄色）　(d)终点时颜色（粉红色）

图 13-2-1 测定溴化钾的含量

注意事项

1.酸度不能太高，调节酸度应使用弱酸如 HAc。

2.在终点变色不敏锐时，可加入糊精或增加样品量。

3.滴定时要不断振荡，防止沉淀沉降。

活动 2 数据记录与处理

表 13-2-1 溴化钾含量测定的原始记录与数据处理

名称 \ 编号	1#	2#	3#	空白
倾出前溴化钾试样质量 m_1，mol·L^{-1}				
倾出后溴化钾试样质量 m_2，g				
溴化钾试样质量 m_s，g				
消耗 $AgNO_3$ 标准滴定溶液体积 V，mL				
$AgNO_3$ 标准滴定溶液的浓度 c，mol·L^{-1}				
被测物溴化钾质量分数 ω(KBr)，%				
平均质量分数 $\overline{\omega}$(KBr)，%				
计算公式				
极差				
相对极差，%				

项目评价

表 13-1 项目评价表

序号	考核内容	评分标准	分值	小组评价	教师评价
1	仪器准备（10分）	正确选择仪器（规格、型号）	5分		
		正确领用仪器（规格、型号）	5分		
2	溶液准备（10分）	正确领用试剂（种类、纯度、数量）	2分		
		试剂领用记录的填写正确	3分		
		正确配制所需溶液	5分		
3	测定操作（40分）	正确使用各种仪器，操作规范	10分		
		正确配制和标定 $AgNO_3$ 的浓度	10分		
		正确测定溴化钾含量	10分		
		读数正确	5分		
		样品平行测定三次	5分		
4	团队合作（10分）	仪器清洗、归位正确，药品、仪器摆放整齐，实验台面整洁	5分		
		分工明确，各尽其职	5分		
5	数据记录、处理及测定结果（20分）	及时记录数据，记录规范、无随意涂改	3分		
		正确填写原始记录表	2分		
		计算正确	5分		
		测定结果与标准值比较≤±1.0%	5分		
		相对平均偏差≤0.2%	5分		
6	撰写分析报告（10分）	检验报告内容正确	5分		
		正确撰写检验报告	5分		
考核结果					

课后自测

一、判断题

(　　)1.法扬司法中,采用荧光黄做指示剂可测定高含量的氯化物。

(　　)2.用法扬司法测定 I^- 含量,以曙红为指示剂,溶液的 pH 应大于 7,小于 10。

(　　)3.吸附指示剂是利用指示剂与胶体沉淀表面的吸附作用,引起结构变化,导致指示剂的颜色发生变化。

二、选择题

1.沉淀滴定中,吸附指示剂终点变色发生在(　　)。

A.溶液中　　B.沉淀内部　　C.沉淀表面　　D.溶液表面

2.法扬司法中,滴定时避免强光是为了(　　)。

A.降低反应温度　　B.防止卤化银分解

C.防止卤化银挥发　　D.防止卤化银氧化

3.用法扬司法测定时,加入糊精或淀粉的目的在于(　　)。

A.加快沉淀聚集　　B.加速沉淀的转化

C.防止氯化银分解　　D.加大沉淀比表面积

4.用法扬司法测定 Cl^- 含量时,以荧光黄做指示剂,溶液的 pH 应控制在(　　)。

A.1~2　　B.5~6　　C.7~10　　D.2~10

5.曙红做指示剂测 I^- 时,其终点的颜色为(　　)。

A.黄绿色　　B.粉红色　　C.黄色　　D.红紫色

6.用曙红做指示剂,$AgNO_3$ 做滴定剂,不能测定(　　)。

A.Cl^-　　B.Br^-　　C.I^-　　D.SCN^-

项目十四
氯化钡含量的测定

项目导入

氯化钡含量的测定常用称量分析法。

称量分析法也称为重量分析法，通常是通过物理或化学反应将试样中待测组分与其他组分分离,以称量的方法称得待测组分或它的难溶化合物的质量,计算出待测组分在试样中的含量。

称量分析法中最常用的是沉淀重量法。利用试剂与待测组分发生沉淀反应,生成难溶化合物沉淀析出,经过分离、洗涤、过滤、烘干或灼烧后,称得沉淀的质量,从而计算出待测组分的含量。

称量分析法的主要操作过程:样品的溶解、沉淀、沉淀的过滤和洗涤、沉淀的烘干和灼烧、称量及结果计算。

沉淀析出的形式称为沉淀形式,烘干或灼烧后称量时的形式称为称量形式。

沉淀形式和称量形式可以相同也可以不同。

1.作为沉淀形式

(1)沉淀的溶解度要小,才能保证待测组分沉淀完全。

(2)沉淀易于过滤和洗涤。

(3)沉淀形式易转化为称量形式。

2.作为称量形式

(1)称量形式的组成必须确定并与化学式完全相符。

(2)称量形式要有足够的稳定性。

(3)称量形式的摩尔质量要大。

任务一　试样称取、溶解、沉淀生成

任务目标

1.学会称量分析法中试样的称取、溶解、沉淀生成的方法。

2.学会沉淀的陈化。

3.掌握称量分析法对沉淀的要求及对沉淀条件的选择。

任务分析

1.明确任务流程

试样称取 ⇒ 试样溶解 ⇒ 沉淀生成

2.任务难点分析

试样的溶解、沉淀的生成。

3.任务前准备

仪器：分析天平、电炉、烧杯、玻璃棒、洗瓶等。

试剂：H_2SO_4(1 mol·L^{-1}、0.1 mol·L^{-1})、HCl (2 mol·L^{-1})、$BaCl_2 \cdot 2H_2O$ (AR)。

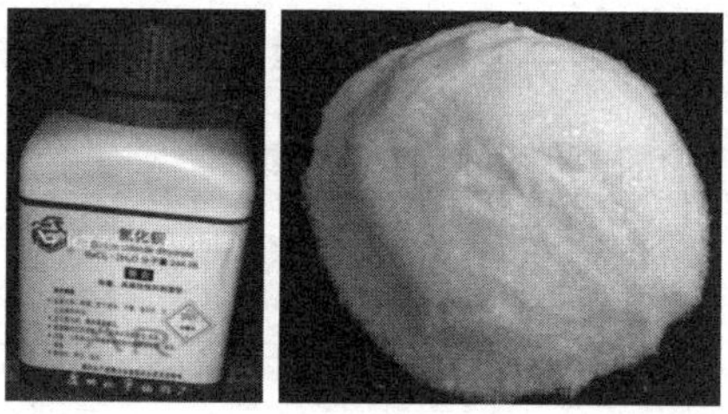

图 14-1-1　氯化钡试样

相关知识

称量分析法

一、称量分析法简介

按照待测组分与其他组分分离方法的不同，称量分析法(又称重量分析法)可分为挥发法、沉淀重量法等。

1.挥发法

一般是采用加热或其他方法使试样中的挥发性组分逸出，称量后根据试样质量的减少，计算试样中该组分的含量；或利用吸收剂吸收组分逸出的气体，根据吸收剂质量的增加，计算出该组分的含量。例如，要测定 $BaCl_2 \cdot 2H_2O$ 中结晶水的含量，可称取一定量的氯化钡试样加热，使水分逸出后，再称量，根据试样加热前后的质量差，计算 $BaCl_2 \cdot 2H_2O$ 试样中结晶水的含量。

2.沉淀重量法

利用试剂与待测组分发生沉淀反应，生成难溶化合物沉淀析出，经过分离、洗涤、过滤、烘干或灼烧后，称得沉淀的质量，从而计算出待测组分的含量。例如，测定试样中硫酸盐的含量时，在试液中加入稍过量的 $BaCl_2$ 溶液，使 SO_4^{2-} 生成难溶的 $BaSO_4$ 沉淀，经过滤、洗涤、灼烧后，称量 $BaSO_4$ 的质量，便可求出试样中硫酸盐的含量。

3.其他方法

除上面的方法外，还有萃取法、电解法等，它们也都是用一定的方法将待测组分分离，后通过称其质量然后计算的分析方法。

称量分析法是经典的化学分析法，它通过直接称量得到分析结果，不需要从容量器皿中取得大量数据，也不需要基准物质做比较，故准确度较高，可用于测定含量大于 1%的常量组分，有时也用于仲裁分析。但称量分析法的操作比较麻烦，费时长，不能满足生产上快速分析的要求，这是称量分析法的主要缺点。在称量分析法中，以沉淀重量法最重要，而且应用也较多，所以本项目主要介绍沉淀重量法。

二、沉淀的分类和沉淀的条件

沉淀按形状不同，分为晶形沉淀和无定形沉淀，无定形沉淀又分为非晶形沉淀和胶状沉淀。形成晶形沉淀的条件：

(1)沉淀应在稀溶液中进行。这样可保持溶液较低的相对过饱和度，有利于形成较大颗粒的沉淀。对于溶解度较大的沉淀，溶液不能太稀，否则沉淀溶解损失较多，影响结果的准确度。

(2)沉淀剂在搅拌下缓慢地加入热溶液中。这样可使沉淀剂有效地分散，避免局部相对过饱和度过大而产生大量细小晶粒。如果沉淀在热溶液中溶解度显著增大，则应在冷却后过滤。

(3)选择合适的沉淀剂。有机沉淀剂具有选择性高、疏水性强的特点。使用有机沉淀剂，一方面能够降低沉淀的溶解度，同时还可以减少共沉淀现象，降低形成混晶的概率。

(4)进行陈化。陈化是指沉淀生成后,为了减少吸附和夹带的杂质离子,经放置或加热得到易于过滤的粗颗粒沉淀的操作。经过陈化后的沉淀，原来的微小晶粒逐渐变成较大的晶粒,同时不完整的晶体变得更加完整和纯净。陈化过程可以在室温条件下进行,但所需时间长,若适当加热与搅拌,陈化时间可缩短。如果有后沉淀的杂质离子存在,陈化时间不宜过长,否则会增加沉淀中的杂质。

三、沉淀剂的选择和用量

沉淀重量法关键在于沉淀剂的选择和用量。

(1)沉淀剂应选择易挥发或易分解的物质,这样在灼烧时,可将其从沉淀中除去。

(2)沉淀剂应具有特效性或良好的选择性,即沉淀剂只能和待测组分生成沉淀。

(3)为使待测组分沉淀完全,被测离子在溶液中的浓度应在 10^{-5}~10^{-4} mol·L^{-1} 以下,加入的沉淀剂需要过量,一般按理论过量 50%~100%。如果沉淀剂是不易挥发的物质,则控制过量 20%~30%。

任务实施

活动 1 试样称取、溶解、沉淀生成

(1)准确称取 0.4~0.6 g(准确至 0.0001 g)氯化钡试样,放入洗净的 250 mL 烧杯中,加 100 mL 蒸馏水溶解。加入2 mol·L^{-1}HCl 溶液 3~5 mL,盖上表面皿,低温加热至近沸(但不能使溶液沸腾),使样品完全溶解。

(2)另取 1 mol·L^{-1}H_2SO_4 溶液 3 mL,置于小烧杯中,用 30 mL 蒸馏水稀释,加热至近沸。用胶头滴管向试样中滴加热硫酸溶液,边滴加边搅拌至沉淀完全。

(3)待 $BaSO_4$ 沉淀下沉后,于上层清液中加入 1~2 滴稀硫酸检验沉淀是否完全,若不完全沉淀在沸水浴上保温陈化 30 min,冷却后过滤。

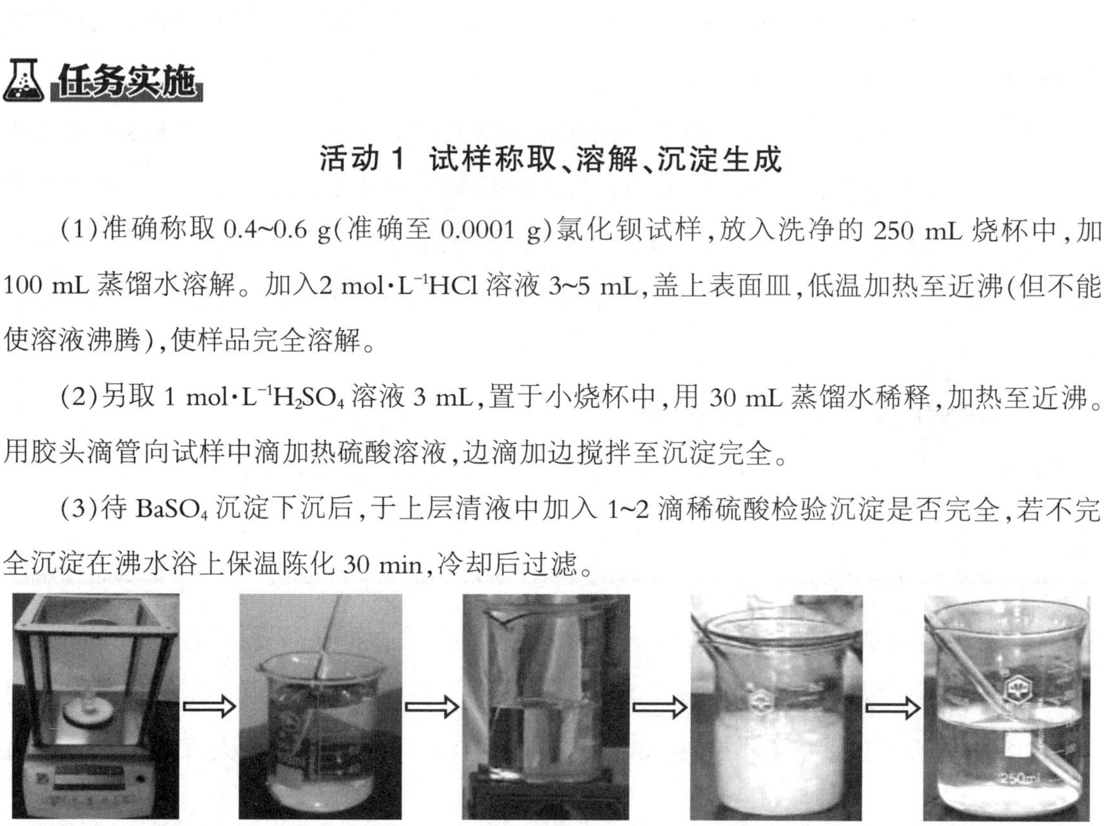

(a)称取 0.4~0.6 g 氯化钡试样　(b)加 100 mL 蒸馏水溶解　(c)加入 HCl 溶液后加热至近沸　(d)滴加热硫酸溶液至沉淀完全　(e)滴加稀硫酸检验沉淀完全程度

图 14-1-2 氯化钡试样的称取、溶解、沉淀生成

注意事项

1.加入沉淀剂时要慢且要不断搅拌。

2.陈化时要用表面皿盖在烧杯上,以免灰尘进入。

想一想

什么叫称量分析法?分哪些类型?

任务二 $BaSO_4$沉淀的过滤、洗涤

任务目标

1.学会沉淀的过滤与洗涤等基本操作。

2.能熟练进行定量无灰滤纸的折叠、漏斗的操作。

任务分析

1.明确任务流程

解读方案 ⇒ 准备仪器、试剂 ⇒ 沉淀的过滤 ⇒ 沉淀的洗涤

2.任务难点分析

沉淀的过滤与洗涤;熟练操作相关仪器。

3.任务前准备

仪器:定量无灰滤纸、漏斗、烧杯、玻璃棒、洗瓶等。

试剂:H_2SO_4(1 mol·L^{-1})、HNO_3(2 mol·L^{-1})、$AgNO_3$(0.1 mol·L^{-1})、NH_4NO_3(10 g·L^{-1})。

相关知识

称量分析法相关知识

一、滤纸的选择:定量无灰滤纸

表 14-2-1 定量无灰滤纸的规格和用途

滤纸类型	标签色别	孔径/μm	纤维紧密程度	用途
快速	蓝	80~120	疏松	无定形沉淀,如 $Fe(OH)_3$ 等
中速	白	30~50	中等	粗晶形沉淀,如 $MgNH_4PO_4$、CaC_2O_4 等
慢速	红	1~3	紧密	细晶形沉淀,如 $BaSO_4$ 等

二、滤纸的折叠与安放

(1)选择一张类型及规格合适的滤纸。

(2)折叠滤纸。滤纸的折叠方法一般采用对折法。将手洗净、擦干,以免弄脏弄湿滤纸,对折滤纸并按紧;继续对折(但不按紧,以便调整角度)。如图 14-2-1 所示。

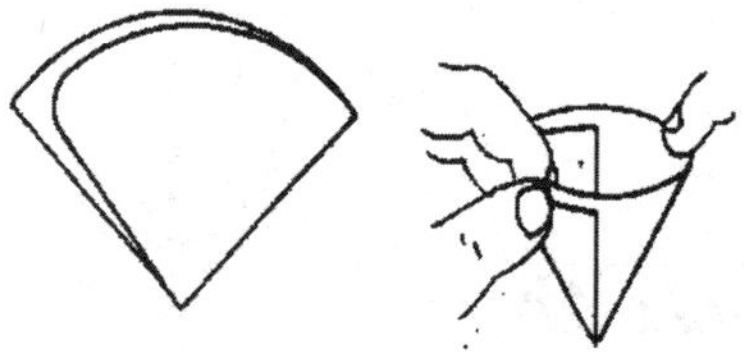

图 14-2-1 滤纸的折叠

(3)将滤纸锥体放入漏斗中并调整角度使之与漏斗贴紧。把折叠好的滤纸放入漏斗中,此时,滤纸的高度应低于漏斗上边缘 0.5 cm 左右,若高出漏斗,可用剪刀剪去,并使之与漏斗紧密贴合。若不贴合,可调整折叠的角度,直至贴合为止。在三层滤纸处的外层折角撕下一小块,可使内层滤纸与漏斗的内壁紧密结合。

(4)润湿滤纸并与漏斗贴紧。撕下的滤纸小块应保存好,以备擦拭烧杯中和玻璃棒上残留的沉淀,具体操作见漏斗的使用。

三、漏斗

(1)洗净漏斗。

(2)放置滤纸。折叠好所选滤纸,置于漏斗的底部,用手按紧使之密合,然后用洗瓶加入少量的水润湿全部滤纸。

(3)做水柱。用玻璃棒轻压滤纸,赶去滤纸与漏斗壁间的气泡(以免影响过滤速度),然后加水至滤纸边缘,此时漏斗颈内应全部充满水,形成水柱。如图 14-2-2 所示。

图 14-2-2 漏斗

任务实施

活动 1　沉淀的过滤、洗涤

过滤是将沉淀与溶液分离的过程,洗涤是除去沉淀物中杂质的过程。

1.过滤装置

称量分析法中,沉淀的过滤一般要选用慢速定量无灰滤纸,将滤纸折叠好后放在长颈漏斗中(实验能否形成水柱)。将漏斗放在漏斗架上,漏斗下放一洁净的 400 mL 烧杯接收滤液,漏斗颈斜边长的一方贴紧烧杯内壁。

2.过滤和洗涤

采用倾泻法进行过滤,先将沉淀上层的清液倾在滤纸上,用配制好的洗涤液(配制 300~400 mL 稀硫酸溶液,方法是取 2 mL 1 mol·L^{-1} H_2SO_4 用蒸馏水稀释至 100 mL)10~15 mL 洗涤烧杯中的沉淀(加入洗涤液后用玻璃棒搅拌),澄清后再将上层清液倾入漏斗中过滤,重复三次;最后一次洗涤后,将沉淀全部倾至滤纸上,继续用少量稀硫酸溶液洗涤滤纸上的沉淀 5~6 次,使沉淀集中在滤纸圆锥体的底部。

3.洗涤效果的检验

用洁净的小试管(或表面皿)接收最后的滤液少许,加 2 滴稀硝酸和 1 滴硝酸银溶液,观察是否有氯化银白色沉淀出现(应洗涤至无 Cl^-)。若有,要继续用稀硫酸溶液洗涤;若没有,则表示洗涤干净。再用稀 NH_4NO_3 溶液洗涤 1~2 次,以除去残留的 H_2SO_4 。

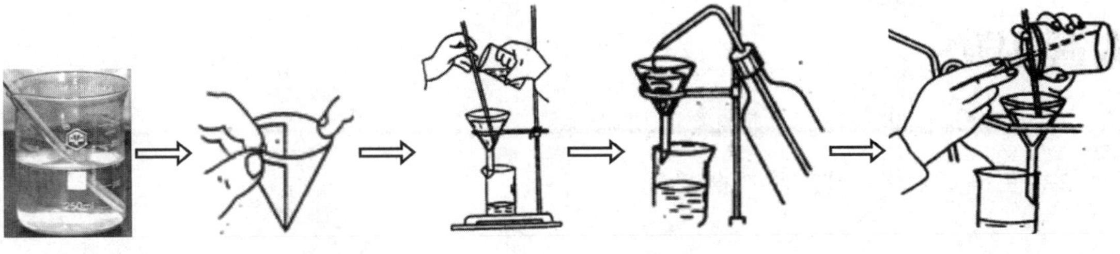

(a)陈化后的沉淀　(b)折叠慢速定量无灰滤纸　(c)过滤沉淀　(d)洗涤沉淀　(e)转移沉淀

图 14-2-3 沉淀的过滤、洗涤

注意事项

1.洗涤沉淀应少量多次。

2.沉淀不能过早倾倒在滤纸上,以免影响过滤速度。

3.烧杯中的沉淀应转移尽,不能沾附在烧杯壁上,若有沾附在烧杯壁的沉淀应用滤纸擦尽。

小贴士

1.倾泻法过滤：过滤前先将沉淀倾斜静置，然后将沉淀上部的清液小心倾于滤纸上。

2.洗涤：每次约用 10 mL 洗涤液吹洗烧杯内壁，同样用倾泻法过滤，洗涤 3~4 次。

3.转移：加少量洗涤液于烧杯中，搅动沉淀，立即将沉淀和洗涤液一起过滤。最后，用撕下的滤纸角擦拭玻璃棒和烧杯内壁，并将此滤纸角放在漏斗内的沉淀上。

想一想

1.在实验操作中如何获得较理想的晶形沉淀？

2.陈化的作用是什么？可通过什么方式替代陈化？无定形沉淀是否也要陈化？

3.在对 $BaSO_4$ 沉淀进行洗涤时，若用蒸馏水代替稀硫酸，对沉淀有何影响？

4.选择沉淀洗涤液有何要求？

5.使用洗涤液对沉淀进行洗涤的原则是什么？

任务三　沉淀的烘干、灼烧、恒重

任务目标

1.掌握沉淀的烘干、灼烧、恒重等基本操作。

2.能正确记录与处理实验数据。

任务分析

1.明确任务流程

解读方案 ⟹ 准备仪器、试剂 ⟹ 沉淀的烘干 ⟹ 沉淀的灼烧 ⟹ 沉淀的恒重

2.任务难点分析

沉淀的烘干、灼烧、恒重等基本操作；记录与处理实验数据。

3.任务前准备

仪器：分析天平、坩埚、淀帚(1 把)、马弗炉(温控高温炉)、坩埚钳、干燥器等。

相关知识

沉淀的纯净、测定和分析

一、沉淀的纯净

称量分析法不仅要求沉淀完全，而且还要求沉淀纯净。实际上获得完全纯净的沉淀是很难的，当沉淀析出时，总是或多或少地夹杂着溶液中的某些组分，使沉淀受到污染。要想获得纯净的沉淀，首先要了解沉淀被污染的原因，然后再采取适当的措施。

1.影响沉淀纯净的因素

(1)共沉淀。

在进行沉淀反应时，溶液中某些可溶性杂质混杂于沉淀中一起析出，这种现象称为共沉淀。例如，在 Na_2SO_4 溶液中加入 $BaCl_2$ 时，若从溶解度来看，Na_2SO_4、$BaCl_2$ 都不应沉淀，但由于共沉淀现象，有少量的 Na_2SO_4 或 $BaCl_2$ 被带入 $BaSO_4$ 沉淀中。产生共沉淀现象的主要原因有表面吸附、机械吸留和形成混晶等。

(2)后沉淀。

在沉淀过程结束后，当沉淀与母液一起放置时，溶液中某些杂质离子可能慢慢地沉积到原沉淀上，放置的时间越长，杂质析出的量越多，这种现象称为后沉淀。例如，以 $(NH_4)_2C_2O_4$ 沉淀 Ca^{2+}，若溶液中含有少量 Mg^{2+}，由于 $K_{sp}(MgC_2O_4) > K_{sp}(CaC_2O_4)$，当 CaC_2O_4 沉淀时，MgC_2O_4 不沉淀，但是在 CaC_2O_4 沉淀放置过程中，CaC_2O_4 晶体表面吸附大量的 $C_2O_4^{2-}$，使 CaC_2O_4 沉淀表面附近 $C_2O_4^{2-}$ 的浓度增加，这时 $c(Mg^{2+})c(C_2O_4^{2-})>K_{sp}(MgC_2O_4)$，在 CaC_2O_4 表面上就会有 MgC_2O_4 析出。要避免或减少后沉淀的产生，主要是缩短沉淀与母液共置的时间。所以，有后沉淀现象发生时就不要进行陈化。

2.沉淀纯净的方法

沉淀纯净是保证分析结果准确性高的重要条件之一。为了获得符合称量分析法要求的沉淀，在工作中可以采取下列措施：

(1)选择适当的分析步骤。

(2)降低易被吸附的杂质离子的浓度。

(3)进行再沉淀。

(4)选择适当的洗涤液洗涤沉淀。

(5)选择适宜的沉淀条件。

(6)选用有机沉淀剂。

二、氯化钡含量的测定

1.测定原理

氯化钡含量的测定，通常是将试样溶解后，以 H_2SO_4 为沉淀剂，将试样中的 Ba^{2+} 沉淀为 $BaSO_4$，其反应为：

$$Ba^{2+} + SO_4^{2-} \longrightarrow BaSO_4\downarrow$$

$BaSO_4$ 沉淀经陈化后，再经过过滤、洗涤并灼烧至恒重。根据所得 $BaSO_4$ 沉淀的质量，可计算试样中含钡的质量分数。如果称量分析法的结果要求不用十分精确，可采用玻璃砂芯坩埚抽滤 $BaSO_4$ 沉淀后，烘干、称量。这样可缩短实验操作时间，适用于工业生产过程的快速分析。

2.注意事项

(1)在用 H_2SO_4 沉淀 Ba^{2+} 时，易使阴离子发生共沉淀，可在沉淀之前，加入盐酸蒸发除去 NO_3^- 等阴离子，余下的 Cl^- 可用稀硫酸溶液洗涤，直至无 Cl^- 为止。

(2)为使滤纸在烘干时不致炭化，应在洗去 Cl^- 后的滤纸上，再用 NH_4NO_3 稀溶液洗去滤纸上附着的酸。

(3)加入稀硫酸溶液的速度要适当慢，且在不断搅拌下进行，有利于获得粗大的晶形沉淀。

(4)滤纸灰化前，温度不要太高，以免沉淀颗粒随火焰飞散，使结果偏低。

(5)若试样是可溶性硫酸盐，用水溶解时，有水不溶残渣，应该过滤除去。

(6)试样中若含有 Fe^{3+} 等将干扰测定，应在加沉淀剂之前，加入 1% EDTA 溶液进行掩蔽。

三、称量分析法计算

1.化学因数(换算系数)

称量分析法中,最后得到的是称量形式的质量,而计算待测组分的含量时,需要把称量形式的质量换算为待测组分的质量。如将 2.9618 g 称量形式($BaSO_4$)换算成待测组分(S)的质量为m_s:

$$m_s = 2.9618 \times \frac{32.06}{233.4} = 0.4068\ (g)$$

式中 2.9618—— 称量形式的质量,g;

$\frac{32.06}{233.4}$—— 待测组分(S)与称量形式($BaSO_4$)的摩尔质量的比值。

对于一定的测定来说,这个比值是个常数,称为化学因数(又称换算系数),用 F 表示。在计算化学因数时,要注意使分子与分母中待测元素的原子数目相等,所以在待测组分的摩尔质量和称量形式的摩尔质量之前有时需乘以适当的系数。分析化学手册中可以查到各种常见物质的化学因数。表 14-3-1 列出了几种常见物质的化学因数。

表 14-3-1 几种常见物质的化学因数

待测组分	称量形式	化学因数	待测组分	称量形式	化学因数
Ba	$BaSO_4$	$Ba/BaSO_4$=0.5884	MgO	$Mg_2P_2O_7$	$2MgO/Mg_2P_2O_7$=0.3621
S	$BaSO_4$	$S/BaSO_4$=0.1374	P	$Mg_2P_2O_7$	$2P/Mg_2P_2O_7$=0.2783
Fe	Fe_2O_3	$2Fe/Fe_2O_3$=0.6994	P_2O_5	$Mg_2P_2O_7$	$P_2O_5/Mg_2P_2O_7$=0.6377

2.分析结果的计算

【例】称取铁矿石试样 0.2800 g,经处理后,沉淀形式为 $Fe(OH)_3$,称量形式为 Fe_2O_3,质量为0.2580 g,求 Fe 和 Fe_3O_4 的质量分数。

解:先计算试样中 Fe 的质量分数,因为称量形式为 Fe_2O_3,1 mol 称量形式相当于 2 mol 待测组分,所以

$$\omega(Fe) = \frac{0.2580}{0.2800} \times \frac{2M(Fe)}{M(Fe_2O_3)} \times 100\%$$

$$= \frac{0.2580}{0.2800} \times \frac{2 \times 55.85}{159.7} \times 100\%$$

$$= 64.45\%$$

计算试样中 Fe_3O_4 的质量分数, 因为 1 mol 称量形式 Fe_2O_3 相当于$\frac{2}{3}$mol 待测组分

Fe_3O_4，所以

$$\omega(Fe_3O_4)=\frac{0.2580}{0.2800}\times\frac{2M(Fe_3O_4)}{3M(Fe_2O_3)}\times 100\%$$

$$=\frac{0.2580}{0.2800}\times\frac{2\times 231.54}{3\times 159.7}\times 100\%$$

$$=89.06\%$$

答：铁矿石试样中 Fe 的质量分数为 64.44%，Fe_3O_4 的质量分数为 89.06% 。

3.试样量的计算

称量分析法中称取试样量的多少，主要取决于沉淀类型。对于生成体积小、易过滤和易洗涤的晶形沉淀，可多称取一些试样。对于生成体积大、不易过滤和不易洗涤的非晶形沉淀，称取的量要少一些。一般来讲，晶形沉淀的质量应在 0.3~0.5 g 之间，非晶形沉淀的质量在 0.1~0.2 g 之间为宜。可根据不同类型沉淀的质量范围，计算出试样的称取量。

任务实施

活动 1　坩埚的恒重

(1)准备工作。先将瓷坩埚洗净，小火烤干或烘干。新坩埚可用含铁离子或钴离子的蓝墨水在坩埚外壁上编号。

(2)灼烧坩埚至恒重。在所需温度下，加热灼烧。灼烧可在高温炉中进行。一般在 800~950 ℃下灼烧半小时(新坩埚需灼烧 1 h)。从高温炉中取出坩埚，先使坩埚降温，然后将坩埚移入干燥器中，将干燥器连同坩埚一起移至天平室，冷却至室温(约需要 30 min)，取出称量。随后进行第二次灼烧，灼烧 15~20 min，冷却后称量。如果前后两次称量结果之差不大于 0.2 mg，即可认为坩埚已恒重，否则还需再灼烧，直至恒重为止。如图 14-3-1 所示。

洗净的瓷坩埚　　于 800~950 ℃灼烧 30 min　　降温后，于干燥器中冷却至室温　　称重，再灼烧至恒重

图 14-3-1　坩埚的恒重

活动 2 沉淀烘干、灼烧、恒重

1.沉淀的包裹

用玻璃棒把滤纸和沉淀从漏斗中取出，按图 14-3-2 所示折卷成小包，应特别注意，勿使沉淀有任何损失。如果漏斗上沾有微量沉淀，可用滤纸碎片擦下，与沉淀包卷在一起。

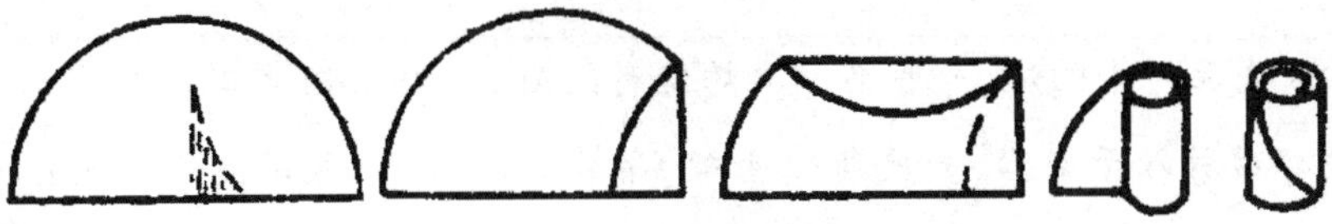

图 14-3-2 沉淀的包裹

2.沉淀的干燥和灰化

将用滤纸包裹好的沉淀放进已恒重的坩埚内，使滤纸层较多的一边向上，可使滤纸灰化较易。如图 14-3-3 所示将坩埚斜置于泥三角上，盖上坩埚盖，将滤纸烘干并灰化。当滤纸灰化后，可逐渐提高温度，并随时用坩埚钳转动坩埚，把坩埚内壁上的黑炭完全烧去。将炭烧成二氧化碳而除去的过程叫灰化。

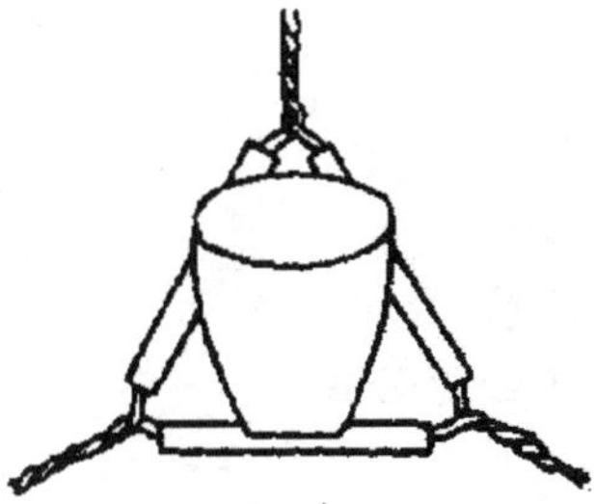

图 14-3-3 坩埚的放置

3.沉淀的灼烧

待滤纸灰化后，将坩埚垂直地放在泥三角上，盖上坩埚盖，留一小孔隙，于指定温度下灼烧沉淀，或者将坩埚放在高温炉中灼烧。一般第一次灼烧时间为 30~45 min，第二次灼烧为 15~20 min。每次灼烧完毕从炉内取出后，都需要在空气中稍冷后再移入干燥器中。沉淀冷却到室温后称量，然后再灼烧、冷却、称量，直至恒重。

注意事项

1.包裹沉淀。过滤后将滤纸进行折卷包裹沉淀，如图 14-3-2 所示。

2.烘干沉淀。把包裹好的沉淀放入已恒定质量的空坩埚中，滤纸层数较多的一面向上，以利于滤纸的灰化。

3.灰化时，滤纸不得着火，否则会使沉淀飞散而损失沉淀。

4.干燥过程中，加热不可太急，否则坩埚遇水容易破裂，同时沉淀中的水分也会因猛烈气化而将沉淀冲出。

小贴士

1.坩埚放在高温炉中灼烧，一般第一次灼烧时间为 30~45 min，第二次灼烧为 15~20 min。

2.坩埚稍冷后放入干燥器，先要留一小缝，半分钟后盖严，并每隔 1~3 min 开盖一次，必须在干燥器中自然冷却至室温后才可进行称量。

3.恒重检查。先后两次称量，两次相差不大于 0.2 mg 为恒重。

活动 3 数据记录与处理

1.计算公式

$$\omega(\mathrm{Ba}) = \frac{(m_2 - m_1) \times \dfrac{M(\mathrm{Ba})}{M(\mathrm{BaSO_4})}}{m_s} \times 100\%$$

式中 m_2——灼烧至恒重后坩埚和 $BaSO_4$ 的质量，g；

m_1——灼烧至恒重后空坩埚的质量，g；

m_2-m_1——$BaSO_4$ 的质量，g；

m_s——试样的质量，g；

$M(\mathrm{Ba})$——Ba 的摩尔质量，137.327 g·mol^{-1}；

$M(\mathrm{BaSO_4})$——$BaSO_4$ 的摩尔质量，233.39 g·mol^{-1}。

2.数据记录与处理

表 14-3-2 称量分析法数据记录表

名称 \ 编号		1#	2#	3#
空坩埚质量（恒重）m_1，g	第一次灼烧			
	第二次灼烧			
	两次误差			

续表

编号 名称		1#	2#	3#
($坩埚+BaSO_4$)质量(恒重)m_2,g	第一次灼烧			
	第二次灼烧			
	两次误差			
$BaCl_2 \cdot 2H_2O$ 的重量 m_s,g				
干燥后 $BaSO_4$ 的重量 m_2-m_1,g				
$\omega(Ba)$,%				
$\overline{\omega}(Ba)$,%				
极差				
相对极差,%				

项目评价

表 14-1 项目评价表

序号	考核内容	评分标准	分值	小组评价	教师评价
1	仪器准备(10分)	正确选择仪器(规格、型号)	5分		
		正确领用仪器(规格、型号)	5分		
2	溶液准备(10分)	正确领用试剂(种类、纯度、数量)	2分		
		试剂领用记录的填写正确	3分		
		正确配制所需溶液	5分		
3	测定操作(40分)	正确使用各种仪器,操作规范	10分		
		正确测定含量	20分		
		样品恒重两次	10分		
4	团队合作(10分)	仪器清洗、归位正确,药品、仪器摆放整齐,实验台面整洁	5分		
		分工明确,各尽其职	5分		

续表

序号	考核内容	评分标准	分值	小组评价	教师评价
5	数据记录、处理及测定结果（20 分）	及时记录数据，记录规范、无随意涂改	3 分		
		正确填写原始记录表	2 分		
		计算正确	5 分		
		测定结果与标准值比较≤±1.0%	5 分		
		相对平均偏差≤1.0%	5 分		
6	撰写分析报告（10 分）	检验报告内容正确	5 分		
		正确撰写检验报告	5 分		
考核结果					

课后自测

一、判断题

(　　)1.在 $BaSO_4$ 饱和溶液中加入 Na_2SO_4 将会使得 $BaSO_4$ 溶解度增大。

(　　)2.共沉淀引入的杂质量，随陈化时间的增大而增多。

(　　)3.称量分析法是一种操作烦琐、周期长且准确度不高的方法。

(　　)4.称量分析法中要获得晶形沉淀，必须按“稀、慢、冷、搅、陈”操作进行。

(　　)5.沉淀 $BaSO_4$ 应在热溶液中进行，然后趁热过滤。

(　　)6.称量分析法中使用的“无灰滤纸”，指灰分重量小于 0.2 mg 的滤纸。

二、单选题

1.沉淀中若杂质含量太大，则应采用(　　)措施使沉淀纯净。

A.再沉淀　B.提高沉淀体系温度　C.增加陈化时间　D.减小沉淀的比表面积

2.用称量分析法测定硫酸根含量时，如果称量式是 $BaSO_4$，换算因数是(　　)。

A.0.1710　B.0.4116　C.0.5220　D.0.6201

3.下列有关沉淀纯净的陈述不正确的是(　　)。

A.洗涤可减少吸留的杂质　B.洗涤可减少吸附的杂质

C.陈化可减少吸留的杂质　D.沉淀完成后立即过滤可防止后沉淀

4.对晶形沉淀和非晶形沉淀(　　)陈化。

A.都要　B.都不要　C.后者要　D.前者要

5.为了获得颗粒较大的 $CaSO_4$ 沉淀不应采取的措施是(　　)。

A.在热溶液中沉淀　B.陈化　C.在稀溶液中进行　D.快加沉淀剂

6.下列各条件中哪项是晶形沉淀所要求的沉淀条件？(　　)

A.沉淀作用在较浓溶液中进行　B.在不断搅拌下加入沉淀剂

C.沉淀在冷溶液中进行　D.沉淀后立即过滤

7.下面有关称量分析法的叙述错误的是(　　)。

A.称量分析法是定量分析方法之一　B.称量分析法不需要基准物质做比较

C.称量分析法一般准确度较高　D.操作简单,适用于常量组分和微量组分的测定

三、简答题

1.什么叫称量分析法？分哪些类型？

2.称量分析法对沉淀形式和称量形式有什么要求？

3.形成晶形 $BaSO_4$ 沉淀的条件是什么？

4.简述氯化钡含量的测定原理。

附录

APPENDIX

附录Ⅰ　弱酸弱碱的电离平衡常数(25 ℃)

名称	化学式	$K_{a(b)}$	$pK_{a(b)}$
亚砷酸	H_3AsO_3	6.0×10^{-10}	9.22
砷酸	H_3AsO_4	$6.3\times10^{-3}(K_1)$	2.20
		$1.0\times10^{-7}(K_2)$	7.00
		$3.0\times10^{-12}(K_2)$	11.50
硼酸	H_3BO_3	$5.8\times10^{-10}(K_1)$	9.24
碳酸	H_2CO_3	$4.5\times10^{-7}(K_1)$	6.35
		$4.7\times10^{-11}(K_2)$	10.33
铬酸	$HCrO_4^-$	$3.2\times10^{-7}(K_2)$	6.49
氢氰酸	HCN	6.2×10^{-10}	9.21
氢氟酸	HF	6.6×10^{-4}	3.18
磷酸	H_3PO_4	$7.6\times10^{-3}(K_1)$	2.12
		$6.3\times10^{-8}(K_2)$	7.20
		$4.4\times10^{-13}(K_3)$	12.36
氢硫酸	H_2S	$5.7\times10^{-8}(K_1)$	7.24
		$1.2\times10^{-15}(K_2)$	14.92
硫酸	H_2SO_4	$1.2\times10^{-2}(K_2)$	1.99
亚硫酸	H_2SO_3	$1.3\times10^{-2}(K_{a1})$	1.90
		$6.3\times10^{-8}(K_2)$	7.20
硫氰酸	HSCN	1.4×10^{-1}	0.85
偏硅酸	H_2SiO_3	$1.7\times10^{-10}(K_1)$	9.77
		$1.6\times10^{-12}(K_2)$	11.80
甲酸	HCOOH	1.8×10^{-4}	3.74
乙酸	CH_3COOH	1.8×10^{-5}	4.74
草酸	$H_2C_2O_4$	$5.9\times10^{-2}(K_1)$	1.22
		$6.4\times10^{-5}(K_2)$	4.19
苯甲酸	C_6H_5COOH	6.2×10^{-5}	4.21
乙二胺四乙酸	H_6Y^{2+}	$0.13(K_1)$	0.90
(EDTA)	H_5Y^+	$3.0\times10^{-2}(K_2)$	1.60
	H_4Y	$1.0\times10^{-2}(K_3)$	2.00
	H_3Y^-	$2.1\times10^{-3}(K_4)$	2.67
	H_2Y^{2-}	$6.9\times10^{-7}(K_5)$	6.16
	HY^{3-}	$5.5\times10^{-11}(K_6)$	10.26
苯酚	C_6H_5OH	1.1×10^{-10}	9.95
硫代硫酸	$H_2S_2O_3$	$5.0\times10^{-1}(K_1)$	0.30
		$1.0\times10^{-2}(K_2)$	2.00

续表

名称	化学式	$K_{a(b)}$	$pK_{a(b)}$
氨水	$NH_3·H_2O$	$1.8×10^{-5}$	4.74
羟胺	NH_2OH	$9.1×10^{-9}$	8.04
甲胺	CH_3NH_2	$4.2×10^{-4}$	3.38
乙胺	$CH_3CH_2NH_2$	$5.6×10^{-4}$	3.25
苯胺	$C_6H_5NH_2$	$4.2×10^{-10}$	9.38
三乙醇胺	$(HOCH_2CH_2)_3N$	$5.8×10^{-7}$	6.24

附录Ⅱ 常用酸碱溶液的相对密度和浓度

酸

相对密度 (15 ℃)	HCl 浓度		HNO_3 浓度		H_2SO_4 浓度	
	$g·100\ g^{-1}$	$mol·L^{-1}$	$g·100\ g^{-1}$	$mol·L^{-1}$	$g·100\ g^{-1}$	$mol·L^{-1}$
1.02	4.13	1.15	3.70	0.6	3.1	0.3
1.05	10.2	2.9	9.0	1.5	7.4	0.8
1.10	20.0	6.0	17.1	3.0	14.4	1.6
1.15	29.6	9.3	24.8	4.5	20.9	2.5
1.19	37.2	12.2	30.9	5.8	26.0	3.2
1.20			32.3	6.2	27.3	3.4
1.25			39.8	7.9	33.4	4.3
1.30			47.5	9.8	39.2	5.2
1.35			55.8	12.0	44.8	6.2
1.40			65.3	14.5	50.1	7.2
1.42			69.8	15.7	52.2	7.6
1.45					55.0	8.2
1.50					59.8	9.2
1.55					64.3	10.2
1.60					68.7	11.2
1.65					73.0	12.3
1.70					77.2	13.4
1.84					95.6	18.0

碱

相对密度 (15 ℃)	氨水浓度		NaOH 浓度		KOH 浓度	
	$g·100\ g^{-1}$	$mol·L^{-1}$	$g·100\ g^{-1}$	$mol·L^{-1}$	$g·100\ g^{-1}$	$mol·L^{-1}$
0.88	35.0	18.0				
0.90	28.3	15.0				
0.91	25.0	13.4				
0.92	21.8	11.8				

续表

相对密度(15 ℃)	碱					
	氨水浓度		NaOH 浓度		KOH 浓度	
	g·100 g^{-1}	mol·L^{-1}	g·100 g^{-1}	mol·L^{-1}	g·100 g^{-1}	mol·L^{-1}
0.94	15.6	8.6				
0.96	9.9	5.6				
0.98	4.8	2.8				
1.05			4.5	1.25	5.5	1.0
1.10			9.0	2.5	10.9	2.1
1.15			13.5	3.9	16.1	3.3
1.20			18.0	5.4	21.2	4.5
1.25			22.5	7.0	26.1	5.8
1.30			27.0	8.8	30.9	7.2
1.35			31.8	10.7	35.5	8.5

附录Ⅲ 常用指示剂

一、常用酸碱指示剂

指示剂名称	pH 变色范围	颜色变化	溶液配制方法
甲基黄	2.9~4.0	红~黄	0.1%乙醇(90%)溶液
溴酚蓝	3.0~4.6	黄~紫	0.1 g 指示剂溶于 100 mL20%乙醇中
甲基橙	3.1~4.4	红~黄	1 g·L^{-1} 水溶液
溴甲酚绿	3.8~5.4	黄~蓝	0.1 g 指示剂溶于 100 mL20%乙醇中
甲基红	4.4~6.2	红~黄	0.1 g 或 0.2 g 指示剂溶于 100 mL20%乙醇中
溴百里酚蓝	6.0~7.6	黄~蓝	0.05 g 指示剂溶于 100 mL20%乙醇中
中性红	6.8~8.0	红~亮黄	0.1 g 指示剂溶于 100 mL20%乙醇中
酚酞	8.2~10.0	无色~淡红	0.1 g 或 1 g 指示剂溶于 90 mL 乙醇中,加水至 100 mL
百里酚酞	9.4~10.6	无色~蓝	0.1 g 指示剂溶于 90 mL 乙醇中,加水至 100 mL

二、常用酸碱混合指示剂

指示剂名称	变色点 pH	颜色		指示剂溶液组成
		酸式色	碱式色	
甲基橙-靛蓝二磺酸	4.1	紫	黄绿	一份 1 g·L^{-1} 的甲基橙溶液 一份 2.5 g·L^{-1} 的靛蓝二磺酸钠水溶液
溴百里酚绿-甲基橙	4.3	黄	蓝绿	一份 1 g·L^{-1} 的溴百里酚绿钠盐水溶液 一份 2 g·L^{-1} 的甲基橙水溶液
溴甲酚绿-甲基红	5.1	酒红	绿	三份 1 g·L^{-1} 的溴甲酚绿乙醇溶液 一份 2 g·L^{-1} 的甲基红乙醇溶液
甲基红-亚甲基蓝	5.4	红紫	绿	两份 1 g·L^{-1} 的甲基红乙醇溶液 一份 1 g·L^{-1} 的亚甲基蓝乙醇溶液
溴甲酚紫-溴百里酚蓝	6.7	黄	蓝紫	一份 1 g·L^{-1} 的溴甲酚紫钠盐水溶液 一份 1 g·L^{-1} 的溴百里酚蓝钠盐水溶液
中性红-亚甲基蓝	7.0	紫蓝	绿	一份 1 g·L^{-1} 的中性红乙醇溶液 一份 1 g·L^{-1} 的亚甲基蓝乙醇溶液
溴百里酚蓝-酚红	7.5	黄	绿	一份 1 g·L^{-1} 的溴百里酚蓝钠盐水溶液 一份 1 g·L^{-1} 的酚红钠盐水溶液
甲酚红-百里酚蓝	8.3	黄	紫	一份 1 g·L^{-1} 的甲酚红钠盐水溶液 三份 1 g·L^{-1} 的百里酚蓝钠盐水溶液

三、常用金属指示剂

指示剂	使用 pH 范围	颜色变化		直接滴定离子	配制方法
		In	MIn		
铬黑 T (EBT)	8~10	蓝	红	Mg^{2+}、Zn^{2+}、Cd^{2+}、Pb^{2+}、Hg^{2+}、Mn^{2+}	1 g 铬黑 T 与 100 g NaCl 混合研细、或 5 g·L^{-1} 乙醇溶液加 20 g 盐酸羟胺。
钙指示剂(NN)	12~13	蓝	红	Ca^{2+}	1 g 钙指示剂与 100 g NaCl 混合研细或 4 g·L^{-1} 甲醇溶液。
二甲酚橙(XO)	<6	黄	红紫	pH=5~6:Zn^{2+}、Cd^{2+}、Pb^{2+}、Hg^{2+}	5 g·L^{-1} 水溶液
PAN	2~12	黄	红	pH=4~5:Cu^{2+}、Ni^{2+}	1 g·L^{-1} 或 2 g·L^{-1} 乙醇溶液
K-B 指示剂	8~13	蓝绿	红	pH=10:Mg^{2+}、Zn^{2+} pH=13:Ca^{2+}	1 g 酸性铬蓝 K 与 2.5 g 萘酚绿 B 和 50 g KNO_3 混合研细
磺基水杨酸(SS)	1.5~2.5	无	紫红	Fe^{3+}	50 g·L^{-1} 水溶液

四、部分常用的氧化还原指示剂

指示剂	$\varphi^{\ominus'}(In)/V$ ($[H^+]=1\ mol\cdot L^{-1}$)	颜色变化		配制方法
		氧化型	还原型	
次甲基蓝	+0.52	蓝色	无色	0.5 $g\cdot L^{-1}$ 水溶液
二苯胺磺酸钠	+0.85	紫红色	无色	0.5 g 加 2 g Na_2CO_3，加水稀释至 100 mL
邻苯氨基苯甲酸	+0.89	紫红色	无色	0.11 g 溶于 20 mL 50 $g\cdot L^{-1}$ Na_2CO_3 溶液中，加水稀释至 100 mL
邻二氮菲亚铁	+1.06	浅蓝色	红色	1.485 g 及 0.695 g $FeSO_4\cdot 7H_2O$，加水稀释至 100 mL

五、沉淀及吸附指示剂

指示剂	颜色		配制方法
铬酸钾	黄	砖红	5 g 铬酸钾溶于 100 mL 水中
硫酸铁铵(40%饱和溶液)	无色	血红	40 g $NH_4Fe\ (SO_4)_2\cdot 12H_2O$ 溶于 100 mL 水中，加数滴浓硝酸
荧光黄	黄绿	红色	0.1 g 二氯荧光黄溶于 100 mL 水中
曙红	橙黄	深红	0.5 g 曙红溶于 100 mL 水中

附录Ⅳ　部分氧化还原半反应的标准电极电位(25 ℃)

半反应	$\varphi^{\ominus}/V$
$Mg^{2+} + 2e^- \rightleftharpoons Mg$	−2.372
$\frac{1}{2}H_2 + e \rightleftharpoons H^+$	−2.230
$Mn^{2+} + 2e^- \rightleftharpoons Mn$	−1.185
$Zn^{2+} + 2e^- \rightleftharpoons Zn$	−0.7618
$Fe(OH)_3 + e^- \rightleftharpoons Fe(OH)_2 + OH^-$	−0.560
$Cr^{3+} + e^- \rightleftharpoons Cr^{2+}$	−0.407
$Fe^{2+} + 2e^- \rightleftharpoons Fe$	−0.447
$MnO_2 + 2H_2O + 2e^- \rightleftharpoons Mn(OH)_2 + 2OH^-$	−0.05
$Fe^{3+} + 3e^- \rightleftharpoons Fe$	−0.037
$2H^+ + 2e^- \rightleftharpoons H_2$	0.0000
$Sn^{4+} + 2e^- \rightleftharpoons Sn^{2+}$	0.151

续表

半反应	$\varphi^{\ominus}$/V
$Cu^{2+} + e^- \rightleftharpoons Cu^+$	0.153
$Cu^+ + e^- \rightleftharpoons Cu$	0.521
$I_2 + 2e^- \rightleftharpoons 2I^-$	0.5355
$MnO_4^- + e^- \rightleftharpoons MnO_4^{2-}$	0.564
$MnO_4^- + 2H_2O + 3e^- \rightleftharpoons MnO_2 + 4OH^-$	0.595
$Fe^{3+} + e^- \rightleftharpoons Fe^{2+}$	0.771
$MnO_2 + 4H^+ + 2e^- \rightleftharpoons Mn^{2+} + 2H_2O$	1.224
$MnO_4^- + 8H^+ + 5e^- \rightleftharpoons Mn^{2+} + 4H_2O$	1.507
$Ce^{4+} + e^- \rightleftharpoons Ce^{3+}$	1.61
$MnO_4^- + 4H^+ + 3e^- \rightleftharpoons MnO_2 + 2H_2O$	1.679
$H_2O_2 + 2H^+ + 2e^- \rightleftharpoons 2H_2O$	1.776
$Cr_2O_7^{2-} + 16H^+ + 6e^- \rightleftharpoons 2Cr^{2+} + 7H_2O$	1.33
$Cl_2 + 2e^- \rightleftharpoons 2Cl^-$	1.3583
$O_2 + 4H_+ + 4e^- \rightleftharpoons 2H_2O$	1.229
$Pb^{2+} + 2e^- \rightleftharpoons Pb$	−0.126

附录Ⅴ 化合物的相对分子质量

化合物	相对分子质量	化合物	相对分子质量
Ag_3AsO_4	462.52	Al_2O_3	101.96
$AgBr$	187.77	$Al(OH)_3$	78.00
$AgCl$	143.32	$Al_2(SO_4)_3$	342.14
$AgCN$	133.89	$Al_2(SO_4)_3 \cdot 18H_2O$	666.41
$AgSCN$	165.95	As_2O_3	197.84
Ag_2CrO_4	331.73	As_2O_5	229.84
AgI	234.77	As_2S_3	246.02
$AgNO_3$	169.87	$BaCO_3$	197.34
$AlCl_3$	133.34	BaC_2O_4	225.35
$AlCl_3 \cdot 6H_2O$	241.43	$BaCl_2$	208.24
$Al(NO_3)_3$	213.00	$BaCl_2 \cdot 2H_2O$	244.27
$Al(NO_3)_3 \cdot 9H_2O$	375.13	$BaCrO_4$	253.32
BaO	153.33	$Fe(NO_3)_3$	241.86
$Ba(OH)_2$	171.34	$Fe(NO_3)_3 \cdot 9H_2O$	404.00
$BaSO_4$	233.39	FeO	71.85
$BiCl_3$	315.34	Fe_2O_3	159.69
$BiOCl$	260.43	Fe_3O_4	231.54
CO_2	44.01	$Fe(OH)_3$	106.87
CaO	56.08	FeS	87.91
$CaCO_3$	100.09	Fe_2S_3	207.87

续表

化合物	相对分子质量	化合物	相对分子质量
CaC_2O_4	128.10	$FeSO_4$	151.90
$CaCl_2$	110.99	$FeSO_4 \cdot 7H_2O$	278.01
$CaCl_2 \cdot 6H_2O$	219.08	$FeSO_4 \cdot (NH_4)_2SO_4 \cdot 6H_2O$	392.13
$Ca(NO_3)_2 \cdot 4H_2O$	236.15	H_3AsO_3	125.94
$Ca(OH)_2$	74.09	H_3AsO_4	141.94
$Ca_3(PO_4)_2$	310.18	H_3BO_3	61.83
$CaSO_4$	136.14	HBr	80.91
$CdCO_3$	172.42	HCN	27.03
$CdCl_2$	183.32	HCOOH	46.03
CdS	144.47	CH_3COOH	60.05
$Ce(SO_4)_2$	332.24	H_2CO_3	62.03
$Ce(SO_4)_2 \cdot 4H_2O$	404.30	$H_2C_2O_4$	90.04
$CoCl_2$	129.84	$H_2C_2O_4 \cdot 2H_2O$	126.07
$CoCl_2 \cdot 6H_2O$	237.93	HCl	36.46
$Co(NO_3)_2$	182.94	HF	20.01
$Co(NO_3)_2 \cdot 6H_2O$	291.03	HI	127.91
CoS	90.99	HIO_3	175.91
$CoSO_4$	154.99	HNO_3	63.01
$CoSO_4 \cdot 7H_2O$	281.10	HNO_2	47.01
$CO(NH_2)_2$	60.06	H_2O	18.015
$CrCl_3$	158.35	H_2O_2	34.02
$CrCl_3 \cdot 6H_2O$	266.45	H_3PO_4	98.00
$Cr(NO_3)_3$	238.01	H_2S	34.08
Cr_2O_3	151.99	H_2SO_3	82.07
CuCl	99.00	H_2SO_4	98.07
$CuCl_2$	134.45	$Hg(CN)_2$	252.63
$CuCl_2 \cdot 2H_2O$	170.48	$HgCl_2$	271.50
CuSCN	121.62	Hg_2Cl_2	472.09
CuI	190.45	HgI_2	454.40
$Cu(NO_3)_2$	187.56	$Hg_2(NO_3)_2$	525.19
$Cu(NO_3)_2 \cdot 3H_2O$	241.60	$Hg_2(NO_3)_2 \cdot 2H_2O$	561.22
CuO	79.55	$Hg(NO_3)_2$	324.60
Cu_2O	143.09	HgO	216.59
CuS	95.61	HgS	232.65
$CuSO_4$	159.60	$HgSO_4$	296.65
$CuSO_4 \cdot 5H_2O$	249.68	Hg_2SO_4	497.24
$FeCl_2$	126.75	$KAl(SO_4)_2 \cdot 12H_2O$	474.38
$FeCl_2 \cdot 4H_2O$	198.81	KBr	119.00
$FeCl_3$	162.21	$KBrO_3$	167.00
$FeCl_3 \cdot 6H_2O$	270.30	KCl	74.55
$FeNH_4(SO_4)_2 \cdot 12H_2O$	482.18	$KClO_3$	122.55
$KClO_4$	138.55	NH_4SCN	76.12
KCN	65.12	NH_4HCO_3	79.06
KSCN	97.18	$(NH_4)_2MoO_4$	196.01
K_2CO_3	138.21	NH_4NO_3	80.04

续表

化合物	相对分子质量	化合物	相对分子质量
K_2CrO_4	194.19	$(NH_4)_2HPO_4$	132.06
$K_2Cr_2O_7$	294.18	$(NH_4)_2S$	68.14
$K_3[Fe(CN)_6]$	329.25	$(NH_4)_2SO_4$	132.13
$K_4[Fe(CN)_6]$	368.35	NH_4VO_3	116.98
$KFe(SO_4)_2 \cdot 12H_2O$	503.24	Na_3AsO_3	191.89
$KHC_2O_4 \cdot H_2O$	146.14	$Na_2B_4O_7$	201.22
$KHC_2O_4 \cdot H_2C_2O_4 \cdot 2H_2O$	254.19	$Na_2B_4O_7 \cdot 10H_2O$	381.37
$KHC_4H_4O_6$	188.18	$NaBiO_3$	279.97
$KHSO_4$	136.16	$NaCN$	49.01
KI	166.00	$NaSCN$	81.07
KIO_3	214.00	Na_2CO_3	105.99
$KIO_3 \cdot HIO_3$	389.91	$Na_2CO_3 \cdot 10H_2O$	286.14
$KMnO_4$	158.03	$Na_2C_2O_4$	134.00
$KNaC_4H_4O_6 \cdot 4H_2O$	282.22	CH_3COONa	82.03
KNO_3	101.10	$CH_3COONa \cdot 3H_2O$	136.08
KNO_2	85.10	$NaCl$	58.44
K_2O	94.20	$NaClO$	74.44
KOH	56.11	$NaHCO_3$	84.01
K_2SO_4	174.25	$Na_2HPO_4 \cdot 12H_2O$	358.14
$MgCO_3$	84.31	$Na_2H_2Y_2 \cdot 2H_2O$	372.24
$MgCl_2$	95.21	$NaNO_2$	69.00
$MgCl_2 \cdot 6H_2O$	203.30	$NaNO_3$	85.00
MgC_2O_4	112.33	Na_2O	61.98
$Mg(NO_3)_2 \cdot 6H_2O$	256.41	Na_2O_2	77.98
$MgNH_4PO_4$	137.32	$NaOH$	40.00
MgO	40.30	Na_3PO_4	163.94
$Mg(OH)_2$	58.32	Na_2S	78.04
$Mg_2P_2O_7$	222.55	$Na_2S \cdot 9H_2O$	240.18
$MgSO_4 \cdot 7H_2O$	246.67	Na_2SO_3	126.04
$MnCO_3$	114.95	Na_2SO_4	142.04
$MnCl_2 \cdot 4H_2O$	197.91	$Na_2S_2O_3$	158.10
$Mn(NO_3)_2 \cdot 6H_2O$	287.04	$Na_2S_2O_3 \cdot 5H_2O$	248.17
MnO	70.94	$NiCl_2 \cdot 6H_2O$	237.70
MnO_2	86.94	NiO	74.70
MnS	87.00	$Ni(NO_3)_2 \cdot 6H_2O$	290.80
$MnSO_4$	151.00	NiS	90.75
$MnSO_4 \cdot 4H_2O$	223.06	$NiSO_4 \cdot 7H_2O$	280.85
NO	30.01	$NiC_8H_{14}N_4O_4$	288.92
NO_2	46.01	P_2O_5	141.94
NH_3	17.03	$PbCO_3$	267.20
CH_3COONH_4	77.08	PbC_2O_4	295.22
NH_4Cl	53.49	$PbCl_2$	278.10
$(NH_4)_2CO_3$	96.09	$PbCrO_4$	323.20
$(NH_4)_2C_2O_4$	124.10	$Pb(CH_3COO)_2$	325.30
$(NH_4)_2C_2O_4 \cdot H_2O$	142.11	$Pb(CH_3COO)_2 \cdot 3H_2O$	379.30

续表

化合物	相对分子质量	化合物	相对分子质量
PbI_2	461.00	SnS	150.75
$Pb(NO_3)_2$	331.20	$SrCO_3$	147.63
PbO	223.20	SrC_2O_4	175.64
PbO_2	239.20	$SrCrO_4$	203.61
$Pb_3(PO_4)_2$	811.54	$Sr(NO_3)_2$	211.63
PbS	239.30	$Sr(NO_3)_2 \cdot 4H_2O$	283.69
$PbSO_4$	303.30	$SrSO_4$	183.68
SO_3	80.06	$UO_2(CH_3COO)_2 \cdot 2H_2O$	424.15
SO_2	64.06	$ZnCO_3$	125.39
$SbCl_3$	228.11	ZnC_2O_4	153.40
$SbCl_5$	299.02	$ZnCl_2$	136.29
Sb_2O_3	291.50	$Zn(CH_3COO)_2$	183.47
Sb_2S_3	339.68	$Zn(CH_3COO)_2 \cdot 2H_2O$	219.50
SiF_4	104.08	$Zn(NO_3)_2$	189.39
SiO_2	60.08	$Zn(NO_3)_2 \cdot 6H_2O$	297.48
$SnCl_2$	189.60	ZnO	81.38
$SnCl_2 \cdot 2H_2O$	225.63	ZnS	97.44
$SnCl_4$	260.50	$ZnSO_4$	161.44
$SnCl_4 \cdot 5H_2O$	350.58	$ZnSO_4 \cdot 7H_2O$	287.54
SnO_2	150.69		

附录Ⅵ 元素相对原子质量

元素	符号	相对原子质量	元素	符号	相对原子质量	元素	符号	相对原子质量
银	Ag	107.8682	镓	Ga	69.723	镍	Ni	58.6934
铝	Al	26.981539	锗	Ge	72.61	镎	Np	237.0482
氩	Ar	39.948	氢	H	1.00794	氧	O	15.9994
砷	As	74.92159	氦	He	4.002602	锇	Os	190.23
金	Au	196.96654	铪	Hf	178.49	磷	P	30.973762
硼	B	10.811	汞	Hg	200.59	铅	Pb	207.2
钡	Ba	137.327	钬	Fo	164.93032	钯	Pd	106.42
铍	Be	9.012182	碘	I	126.90447	铂	Pt	195.08
铋	Bi	208.98037	铟	In	114.82	镭	Ra	226.0254
溴	Br	79.904	铱	Ir	192.22	铼	Re	186.207
碳	C	12.011	钾	K	39.0983	铑	Rh	102.9055
钙	Ca	40.078	氪	Kr	83.80	钌	Ru	101.07
铬	Cd	112.411	镧	La	138.9055	硫	S	32.066
铈	Ce	140.115	锂	Li	6.941	锑	Sb	121.75
氯	Cl	35.4527	镥	Lu	174.967	钪	Sc	44.95591
钴	Co	58.9332	镁	Mg	24.305	硒	Se	78.96
铬	Cr	51.996	锰	Mn	54.93805	硅	Si	28.0855
铯	Cs	132.90543	钼	Mo	95.94	钐	Sm	150.36
铜	Cu	63.546	氮	N	14.006747	锡	Sn	118.71

续表

元素	符号	相对原子质量	元素	符号	相对原子质量	元素	符号	相对原子质量
铒	Er	167.26	钠	Na	22.989768	锶	Sr	87.62
氟	F	18.9984032	铌	Nb	92.90638	钽	Ta	180.9479
铁	Fe	55.847	钕	Nd	144.24	钇	Y	88.90585
碲	Te	127.60	氖	Ne	20.1797	镱	Yb	173.04
钍	Th	232.0381	铀	U	238.0289	锌	Zn	65.39
钛	Ti	47.88	钒	V	50.9415	锆	Zr	91.224
铊	Tl	204.3833	钨	W	183.85			
铥	Tm	168.93421	氙	Xe	131.29			

附录Ⅶ 不同温度下玻璃容器中 1 mL 纯水在空气中用黄铜砝码称得的质量

温度/℃	质量/g	温度/℃	质量/g	温度/℃	质量/g	温度/℃	质量/g
1	0.99824	11	0.99832	21	0.99700	31	0.99464
2	0.99832	12	0.99823	22	0.99680	32	0.99434
3	0.99839	13	0.99814	23	0.99660	33	0.99406
4	0.99844	14	0.99804	24	0.99638	34	0.99375
5	0.99848	15	0.99793	25	0.99617	35	0.99345
6	0.99851	16	0.99780	26	0.99593	36	0.99312
7	0.99850	17	0.99765	27	0.99569	37	0.99280
8	0.99848	18	0.99751	28	0.99544	38	0.99246
9	0.99844	19	0.99734	29	0.99518	39	0.99212
10	0.99839	20	0.99718	30	0.99491	40	0.99177

附录Ⅷ 常用缓冲溶液

pH	缓冲溶液	配制方法
0	强酸	1 $mol \cdot L^{-1}$HCl 溶液
1	强酸	0.1 $mol \cdot L^{-1}$HCl 溶液
2	强酸	0.01 $mol \cdot L^{-1}$HCl 溶液
3	HAc−NaAc	0.8 g $NaAc \cdot 3H_2O$ 溶于水,加入 5.4 mL 冰醋酸,稀释至 1 000 mL
4	HAc−NaAc	54.4 g $NaAc \cdot 3H_2O$ 溶于水,加入 92 mL 冰醋酸,稀释至 1 000 mL
4~5	HAc−NaAc	68.0 g $NaAc \cdot 3H_2O$ 溶于水,加入 2.86 mL 冰醋酸,稀释至 1 000 mL
6	HAc−NaAc	100 g $NaAc \cdot 3H_2O$ 溶于水,加入 5.7 mL 冰醋酸,稀释至 1 000 mL
7	NH_4Ac	154 g NH_4Ac 溶于水, 稀释至 1 000 mL
8	$NH_3 \cdot H_2O-NH_4Cl$	100 g NH_4Cl 溶于水,加入浓氨水 7 mL,稀释至 1 000 mL
9	$NH_3 \cdot H_2O-NH_4Cl$	70 g NH_4Cl 溶于水,加入浓氨水 48 mL,稀释至 1 000 mL
10	$NH_3 \cdot H_2O-NH_4Cl$	54 g NH_4Cl 溶于水,加入浓氨水 350 mL,稀释至 1 000 mL
11	$NH_3 \cdot H_2O-NH_4Cl$	26 g NH_4Cl 溶于水,加入浓氨水 414 mL,稀释至 1 000 mL
12	强碱	0.01 $mol \cdot L^{-1}$NaOH 溶液
13	强碱	0.1 $mol \cdot L^{-1}$NaOH 溶液

附录Ⅸ 不同温度下标准滴定溶液的体积补正值(GB/T 601—2016)

(1 000 mL 溶液由 t ℃换算为 20 ℃时的校正值/mL·L^{-1})

温度/℃	水和 0.05 mol·L^{-1} 以下的各种水溶液	0.1 mol·L^{-1} 和 0.2 mol·L^{-1} 的各种水溶液	c(HCl) =0.5 mol·L^{-1}	c(HCl) =1 mol·L^{-1}	$c(\frac{1}{2}H_2SO_4)$= 0.5 mol·L^{-1} c(NaOH)= 0.5 mol·L^{-1}	$c(\frac{1}{2}H_2SO_4)$= 1 mol·L^{-1} c(NaOH)= 1 mol·L^{-1}
5	+1.38	+1.7	+1.9	+2.3	+2.4	+3.6
6	+1.38	+1.7	+1.9	+2.2	+2.3	+3.4
7	+1.36	+1.6	+1.8	+2.2	+2.2	+3.2
8	+1.33	+1.6	+1.8	+2.1	+2.2	+3.0
9	+1.29	+1.5	+1.7	+2.0	+2.1	+2.7
10	+1.23	+1.5	+1.6	+1.9	+2.0	+2.5
11	+1.17	+1.4	+1.5	+1.8	+1.8	+2.3
12	+1.10	+1.3	+1.4	+1.6	+1.7	+2.0
13	+0.99	+1.1	+1.2	+1.4	+1.5	+1.8
14	+0.88	+1.0	+1.1	+1.2	+1.3	+1.6
15	+0.77	+0.9	+0.9	+1.0	+1.1	+1.3
16	+0.64	+0.7	+0.8	+0.8	+0.9	+1.1
17	+0.50	+0.6	+0.6	+0.6	+0.7	+0.8
18	+0.34	+0.4	+0.4	+0.4	+0.5	+0.6
19	+0.18	+0.2	+0.2	+0.2	+0.2	+0.3
20	0.00	0.00	0.00	0.00	0.00	0.00
21	−0.18	−0.2	−0.2	−0.2	−0.2	−0.3
22	−0.38	−0.4	−0.4	−0.5	−0.5	−0.6
23	−0.58	−0.6	−0.7	−0.7	−0.8	−0.9
24	−0.80	−0.9	−0.9	−1.0	−1.0	−1.2
25	−1.03	−1.1	−1.1	−1.2	−1.3	−1.5
26	−1.26	−1.4	−1.4	−1.4	−1.5	−1.8
27	−1.51	−1.7	−1.7	−1.7	−1.8	−2.1
28	−1.76	−2.0	−2.0	−2.0	−2.1	−2.4
29	−2.01	−2.3	−2.3	−2.3	−2.4	−2.8
30	−2.30	−2.5	−2.5	−2.6	−2.8	−3.2
31	−2.58	−2.7	−2.7	−2.9	−3.1	−3.5
32	−2.86	−3.0	−3.0	−3.2	−3.4	−3.9
33	−3.04	−3.2	−3.3	−3.5	−3.7	−4.2
34	−3.47	−3.7	−3.6	−3.8	−4.1	−4.6
35	−3.78	−4.0	−4.0	−4.1	−4.4	−5.0
36	−4.10	−4.3	−4.3	−4.4	−4.7	−5.3

注:1.本表数值是以 20 ℃为标准温度以实测法测出。

2.表中带有“+”“−”号的数值是以 20 ℃为分界,室温低于 20 ℃的补正值为“+”,高于 20 ℃的补正值为“−”。

3.本表的用法:如 1 L 硫酸溶液[$c(\frac{1}{2}H_2SO_4)$=1 mol·L^{-1}]由 25 ℃换算为 20 ℃时,其体积补正值为−1.5 mL,故 40 mL 换算为 20 ℃时的体积为 V_{20}=(40−40×1.5/1 000)=39.94 (mL)。

附录X 部分难溶化合物的溶度积常数

难溶化合物	K^{θ}_{sp}	pK^{θ}_{sp}	难溶化合物	K^{θ}_{sp}	pK^{θ}_{sp}
AgBr	5.0×10^{-13}	12.30	$Fe(OH)_2$	8×10^{-16}	15.1
Ag_2CO_3	8.1×10^{-12}	11.09	$Fe(OH)_3$	4×10^{-38}	37.4
AgCl	1.8×10^{-10}	9.75	$BaSO_4$	1.1×10^{-10}	9.96
Ag_2CrO_4	2.0×10^{-12}	11.71	$Bi(OH)_3$	4×10^{-31}	30.4
AgCN	1.2×10^{-16}	15.92	$MgCO_3$	3.5×10^{-8}	7.46
AgOH	2.0×10^{-8}	7.71	MgF_2	6.4×10^{-9}	8.19
AgI	9.3×10^{-17}	16.03	$Mg(OH)_2$	1.8×10^{-11}	10.74
AgSCN	1.0×10^{-12}	12.00	$MnCO_3$	1.8×10^{-11}	10.74

参考文献

REFERENCES

[1] 李敏.化学分析基本操作[M].北京:化学工业出版社,2013.

[2] 姜洪文.分析化学[M].北京:化学工业出版社,1994.

[3] 高职高专化学教材编写组.分析化学[M].北京:高等教育出版社,2014.

[4] 冯淑琴,甘中东.化学分析技术[M].北京:化学工业出版社,2016.

[5] 朱永泰.化学实验技术基础(I)[M].北京:化学工业出版社,1998.

[6] 顾明华.无机物定量分析基础[M].北京:化学工业出版社,2002.

[7] 黄一石,乔子荣.定量化学分析(第二版)[M].北京:化学工业出版社,2009.